电工电子实训基础教程

王　冰　刘久付　褚福涛　编

南京大学出版社

内容简介

电工电子实训基础是高等院校工科实践教学的重要组成部分,是培养学生理论及实践能力的重要环节。

本书以电工、电子、测控等学科理论为基础,以工程应用为导向,对电子产品的设计、制作、装配以及一些常用电路模块作了详细介绍,内容主要包括常用电子元器件和主要性能参数、印制电路板的设计、印制电路板的制作和装配、常用电路模块、典型电路实例设计等内容。

本书可作为高等院校电子电气类、自动控制类、计算机类、机械类及相关专业学生的电工电子实训教材,也可供从事电工、电子技术的有关人员参考。

图书在版编目(CIP)数据

电工电子实训基础教程 / 王冰,刘久付,褚福涛编
. 一 南京 : 南京大学出版社,2019.10(2024.1 重印)
ISBN 978 - 7 - 305 - 08655 - 7

Ⅰ. ①电… Ⅱ. ①王… ②刘… ③褚… Ⅲ. ①电工技术－高等学校－教材②电子技术－高等学校－教材 Ⅳ.
①TM②TN

中国版本图书馆 CIP 数据核字(2019)第 227271 号

出版发行　南京大学出版社
社　　址　南京市汉口路 22 号　　　邮　编　210093
书　　名　电工电子实训基础教程
编　者　王　冰　刘久付　褚福涛
责任编辑　陆蕊含　　　　　　　编辑热线　025 - 83686722
照　　排　南京南琳图文制作有限公司
印　　刷　广东虎彩云印刷有限公司
开　　本　787 mm×1092 mm　1/16　印张 15　字数 357 千
版　　次　2019 年 10 月第 1 版　2024 年 1 月第 2 次印刷
ISBN 978 - 7 - 305 - 08655 - 7
定　　价　45.00 元

网址:http://www.njupco.com
官方微博:http://weibo.com/njupco
官方微信号:njupress
销售咨询热线:(025) 83594756

前　言

科学技术的迅速发展对工程技术人员提出了越来越多的综合能力要求,培养具有扎实理论功底、全面工程素养和科学创新精神的复合型人才已成为高等工科院校人才培养的关键。

电工电子实训课程是工程实训中的重要一环,也是最基本、最有效、最能激发学生工程兴趣的一个重要实践环节。本书从常用元器件的性能介绍开始,主要介绍了元器件的测量和使用,然后对印制板绘制软件进行了详细介绍,最后对电子电路的装配和常用模块电路及典型电路实例进行了介绍。

通过本课程的学习,使学生掌握电工、电子基本知识,提高分析问题、解决问题和动手实践能力,弥补从基础理论到工程实践之间的薄弱环节,进一步培养学生工程素养,对学生拓宽专业知识面、增强相关专业课的学习兴趣、培养创新意识和工程实践能力等方面起到积极的作用。

本书由河海大学能源与电气学院王冰主编,并负责全书统稿,刘久付编写了第1、2、3章,褚福涛编写了第4、5章。研究生陈献慧、李伟、李曼、陈嘉源为本书绘制了部分图表,在此一并表示感谢。

由于编者水平有限,书中难免有诸多不足与不妥之处,恳请广大读者批评指正。

编　者

目 录

第1章　常用电子器件和主要性能参数

电子电路都是由各种电子元器件组成的,电子元器件种类繁多,其性能和应用范围有很大不同,随着电子工业的飞速发展,电子元器件的新产品层出不穷,其品种和规格十分繁杂。本章只对常用的元器件如电阻器、电容器、电感器、晶体管及集成电路等作简要介绍。要对这些元器件进行正确地选择和使用,就必须掌握它们的性能、结构及主要参数等有关知识。

1.1　电阻器

电阻器是电子产品中最广泛使用的一种电子元件,在电子设备中约占元件总数的30%以上,其质量的好坏对电路的可靠性有较大的影响。电阻器是耗能元件,它在电路中可作为分压器、分流器、消耗电能的负载和阻抗匹配等。

1.1.1　符号

电阻器在电路图中用字母 R 表示。常用的图形符号如图1.1所示。

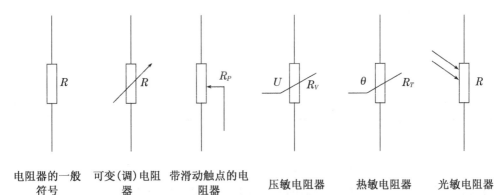

| 电阻器的一般
符号 | 可变(调)电阻
器 | 带滑动触点的电
阻器 | 压敏电阻器 | 热敏电阻器 | 光敏电阻器 |

图1.1　电阻器图形符号

1.1.2　种类

电阻器种类很多,按照阻值是否固定可分为:固定式和可变式电阻器。按制造工艺和材料,电阻器可以分为:膜式、实芯式、特殊电阻器等,其中膜式电阻器可以分为:碳膜、金属膜、合成膜和氧化膜电阻器等;实芯式电阻器可以分为:有机实芯和无机实芯电阻器等;特殊电阻器可以分为:光敏、热敏、压敏和熔断电阻器等。

可变式电阻器可以分为:滑线式、多圈式变阻器和电位器。其中应用最广泛的是电位器。电位器是一种有三个接头的可变电阻器。其阻值可在一定范围内连续可调。

常用电阻器的实物照片如图1.2所示。

图 1.2　电阻器符号

1.1.3　参数

电阻器的主要参数有:标称阻值、允许误差(阻值精度)、额定功率、温度系数、噪声、极限工作电压等。在电阻器选用时通常只考虑标称阻值、允许误差和额定功率这三个最主要参数,其他参数在有特殊需求情况下才需加以考虑。

1. 标称阻值

电阻器表面所标注的阻值称为标称阻值。为了便于生产,同时考虑到能够满足实际使用精度等级需要,国家规定了一系列数值作为产品的标准,这一系列值就是电阻的标称系列值。标称阻值系列见表 1.1。

表 1.1　标称阻值系列

允许误差	系列代号	标称阻值系列
±5%	E24	1.0,1.1,1.2,1.3,1.5,1.6,1.8,2.0,2.2,2.4,2.7,3.0,3.3,3.6,3.9,4.3, 4.7,5.1,5.6,6.2,6.8,7.5,8.2,9.1
±10%	E12	1.0,1.2,1.5,1.8,2.2,2.7,3.3,3.9,4.7,5.6,6.8,8.2
±20%	E6	1.0,1.5,2.2,3.3,4.7,6.8

2. 允许误差

电阻的实际阻值和标称阻值的偏差,除以标称阻值所得的百分数,叫做电阻的误差。电阻器的最大允许误差范围标志着电阻器的阻值精度。普通电阻器的允许误差有±10%、±5%,精密电阻器的允许误差有±2%、±1%、±0.5%、…、±0.001%等十几个等级,允许误差越小,表明电阻器的精度越高。

3. 额定功率

电阻器通电工作时,本身要发热,如果温度过高会将电阻器烧毁。在规定的环境温度下允许电阻器承受的最大功率,即在此功率限度以下电阻器可以长期稳定、安全地工作的最大功率限度,称为额定功率。

1.1.4　标注方法

通常电阻器表面积较小,所以只在电阻器外表面上标注标称阻值、允许误差、额定功率和材料等参数。额定功率较小的电阻器(一般小于 0.5 W)只标注标称阻值和允许误差,额定功率和材料可以从外形尺寸来进行判别。

电阻阻值和允许误差在电阻器上常用的标注方法有下列三种：

1. 直接标注法

将电阻器的阻值和允许误差直接用数字标注在电阻体表面上。允许误差直接用百分数表示，若电阻器上未标注允许误差，则为±20％。对 kΩ、MΩ 只标注 k、M。

2. 文字标注法

用文字和数字符号两者有规律的组合标注在电阻体表面上。符号 Ω、k、M 前面的数字表示阻值的整数部分，后面的数字依次表示阻值的小数部分，符号 Ω、k、M 为整数部分阻值的单位。

3. 色环标注法

对体积较小的电阻器，采用不同颜色的环来标注标称阻值和允许误差。色环标注法有四环和五环两种。四环标注的是普通电阻，五环标注的是精密型电阻，精密型电阻的允许误差为±2％或更小。不同颜色代表不同数字或允许误差。

四环标注法前两环表示有效数字，第三环表示 10 的乘方阶码，第四环(或电阻体本色)表示允许误差。五环标注法前三环表示有效数字，第四环表示 10 的乘方阶码，第五环表示允许误差。

色环标注法的首环识别很重要，可以根据以下几种方法进行判别：

1) 除末位色环外，其他相邻色环间是等间距的，末位色环和倒数第二位色环间隔要比其他相邻色环间隔要大些；

2) 除末位色环外，其他色环的宽度是相同的，末位色环的宽度要比其他色环要宽些；

3) 金色和银色通常用来表示允许误差，所以金色、银色一般均为末位色环；

4) 如果实在无法区分色环位置，可以用万用表欧姆档进行阻值测量，根据阻值来确定色环位置。

色环标注法中不同颜色代表不同的数字，具体可由表1.2确定。

表 1.2 色环颜色与数字对应表

颜色	棕	红	橙	黄	绿	蓝	紫	灰	白	黑	金	银	本色
有效数字	1	2	3	4	5	6	7	8	9	0	—	—	—
代表乘数	10^1	10^2	10^3	10^4	10^5	10^6	10^7	10^8	10^9	10^0	—	—	—
允许误差/%	±1	±2	—	—	±0.5	±0.25	±0.1	±0.05	—	—	±5	±10	±20

4. 数字标注法

对表面积较小的电阻器，如贴片电阻器常用 3 位数字来表示其标称阻值，第一、二位数字为有效数字，第三位数字表示 10 的乘方阶码，阻值单位为 Ω。

1.1.5 测量方法

电阻器的识别是在其标注完整的情况下进行的,如果遇到电阻器上标注不清或无任何标注时就需要对电阻器电阻值进行测量。

万用表是测量电阻值的常用仪表,用它测量电阻值具有方便、灵活等优点。测量时需注意以下几点:

1. 量程选择:根据电阻值的大致范围选择合适的测量量程,如不能确定阻值的大致范围可选择最大量程进行一次粗测,然后根据测量值选择一个比较合适的测量量程。

2. 在进行测量时,双手不能同时接触电阻器的两端引线或表笔金属部分,否则人体电阻将会与测量的电阻器进行并联,测量得到的电阻值将小于实际电阻值。

3. 在进行测量时,应注意表笔与电阻器引脚的良好接触,要使表笔与引脚保持垂直,与引脚接触时要用力下压,以减小表笔与电阻器引脚间的接触电阻对测量结果的影响。

对于高精度电阻器可采用电桥进行测量。不论采用什么方法测量,在保证测量灵敏度的条件下,应使加到电阻器上的直流测量电压尽量低,时间要尽量短,以免电阻器长时间通电引起发热,从而影响测量准确性。

1.1.6 敏感电阻器

敏感电阻器是指其电阻值对外界温度、电压、机械力、亮度、湿度、气体浓度等物理量反应敏感的电阻器。目前常见的敏感电阻器有:热敏、光敏、压敏、力敏、湿敏和气敏电阻器。

1. 热敏电阻器

热敏电阻器是用热敏半导体材料经一定工艺制成的,其阻值会随温度的变化而变化。热敏电阻器的符号和实物如图 1.3 所示。热敏电阻器有正、负温度系数两种类型,正温度系数类型热敏电阻器的电阻值随着温度的升高而增大,负温度系数型热敏电阻器的电阻值随着温度的升高而减小。

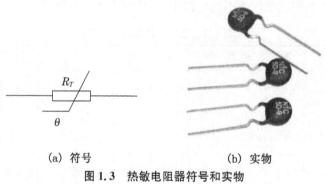

(a) 符号   (b) 实物

图 1.3 热敏电阻器符号和实物

2. 光敏电阻器

光敏电阻器是由利用光能产生光电效应的光电材料制成的。光敏电阻器的符号和实物如图 1.4 所示。光敏电阻器按其光谱范围来分,可分为可见光光敏电阻器、红外光光敏电阻器和紫外光光敏电阻器。按所用材料不同来分,可分为硒光敏电阻器、锗光敏电阻器、硫化物光敏电阻器和硒化物光敏电阻器等。

(a) 符号　　　　　　　　　　　(b) 实物

图 1.4　光敏电阻器符号和实物

　　光敏电阻器的最大特点是对光线非常敏感,电阻器在无光线照射时,其阻值很高,当有光线照射时,其阻值较小,并随着光线的强弱而变化,光线越强阻值越小。光敏电阻器在未受到光线照射时的电阻值称为暗电阻,此时流过的电流称为暗电流。在受到光线照射时的电阻值称为亮电阻,此时流过的电流称为亮电流。亮电流与暗电流之差称为光电流。一般情况下,光电流越大则光敏电阻器的灵敏度就越高。光敏电阻器的暗电阻阻值一般在兆欧级,亮电阻阻值在几千欧以下。

　　3. 压敏电阻器

　　压敏电阻器是使用氧化锌为主要材料制成的,是对电压变化非常敏感的非线性电阻器。压敏电阻器的符号和实物如图 1.5 所示。

(a) 符号　　　　　　　　　　　(b) 实物

图 1.5　压敏电阻器符号和实物

　　在一定的温度条件下,当电压增大时,阻值减小;当电压减小时,阻值增大。压敏电阻器常用于电路中的过压保护、尖脉冲吸收和消噪等,使工作电路得到保护。

　　4. 湿敏电阻器

　　湿敏电阻器是利用湿敏材料吸收空气中的水分而导致本身电阻值发生变化这一原理而制成的。湿敏电阻器的符号和实物如图 1.6 所示。

(a) 符号　　　　　　　　　　　(b) 实物

图 1.6　湿敏电阻器符号和实物

湿敏电阻器能反映环境湿度的变化,通过湿敏电阻器材料的物理或化学性质变化,将湿度变化转换成电信号。在各种气体环境湿度下,对湿敏电阻器的要求是稳定性好、寿命长、耐污染、受温度影响小、响应时间短、有互换性等。

1.1.7 电位器

电位器是一种电阻值连续可调的电子元件,它的作用是改变电路中电压、电流的大小。对外有三个引出端,一个是滑动端,另外两个是固定端,滑动端可以在两个固定端之间的电阻体上滑动,使其与固定端之间的电阻值发生变化。电位器的符号如图 1.7 所示。

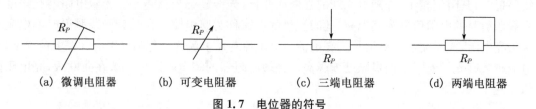

(a) 微调电阻器　　(b) 可变电阻器　　(c) 三端电阻器　　(d) 两端电阻器

图 1.7　电位器的符号

1. 电位器的主要参数

电位器的主要参数有标称阻值、零位电阻、额定功率、阻值变化特性、分辨率、滑动噪声、耐磨性和温度系数等。

（1）标称阻值和零位电阻

电位器上标注的阻值称为标称阻值,即电位器两固定端之间的阻值;零位电阻指电位器的最小阻值,即滑动端与任一固定端之间的最小阻值。

（2）额定功率

电位器的额定功率是指在规定的额定温度下和大气压为 $87\sim107$ kPa 时,接入长期连续负荷所允许消耗的最大功率。

（3）阻值变化特性

阻值变化特性是指阻值随滑动端滑动的行程或转轴转动的角度之间变化的关系。这种关系理论上可以是任意函数形式,常用的有 3 种,即线性式、对数式和指数式。

在使用中,线性式电位器适用于分压、偏流的调整;对数式电位器适用于音调和图像对比度调整;指数式电位器适用于音量调整。

2. 常用的电位器

（1）合成碳膜电位器

合成碳膜电位器的电阻体是用碳膜、石墨、石英粉和有机粉合剂等制作而成。制作工艺简单,是目前应用最广泛的电位器。合成碳膜电位器的优点是阻值范围宽、分辨率高、寿命长、价格低等;缺点是功率不太大、耐高温性差、耐湿性差和阻值低的电位器不容易制作。

（2）金属膜电位器

金属膜电位器是由金属合成膜、金属氧化膜和氧化钽等几种材料经真空技术制作而成。金属膜电位器的优点是:耐热性好、分布电感和分布电容小、噪声电动势很小;缺点是耐磨性不好、阻值范围小。

（3）线绕电位器

线绕电位器是将康铜丝或镍合金丝作为电阻体,并把它绕在绝缘骨架上制成的。线绕电位器的优点是接触电阻小、精度高、温度系数小;缺点是分辨率低、阻值偏小、高频特性差。主要适用于分压器、变压器、仪器中调零和调整工作点等。

（4）数字电位器

数字电位器取消了滑动性,是一个半导体集成电路。数字电位器的优点是调节精度高、没有噪声、有极长的工作寿命、无机械磨损、数据可读/写,具有易于软件控制、体积小和易于装配。

1.1.8 电位器测量方法

根据电位器的标称阻值大小选择合适的欧姆档量程,测量两个固定端之间的电阻值与标称阻值是否相符,如果与标称阻值相差过大则说明电位器已损坏;

测量滑动端与每一个固定端之间阻值变化情况,在滑动端旋转过程中所测量到的阻值没有跳动或跌落现象,表明电位器电阻体良好,滑动端接触可靠;当滑动端能转动到两个极限位置时,一个极限位置是 0 电阻,另一位置是前面测量到的标称阻值,说明电位器的质量良好。

1.2 电容器

电容器是电子电路中常见的基本元件,它由两个金属电极,中间夹一层电介质构成。电容器是"储存电荷的容器"。

电容器可分为固定电容器和可变电容器。电容器在电路中具有隔断直流电、通过交流电的作用,常用于滤波、旁路、级间耦合以及与电感组成振荡电路等功能。

1.2.1 符号

电容器在电路中用字母 C 表示。常用的图形符号如图 1.8 所示。

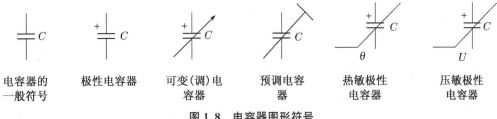

| 电容器的一般符号 | 极性电容器 | 可变（调）电容器 | 预调电容器 | 热敏极性电容器 | 压敏极性电容器 |

图 1.8 电容器图形符号

1.2.2 种类

电容器的种类很多,分类方法也各不相同。通常按介质材料不同分为纸介电容器、油浸纸介电容器、金属化纸介电容器、有机薄膜电容器、瓷介电容器、云母电容器、独石电容器和电解电容器。按结构不同分为固定电容器和可变电容器。固定电容器是指电容量固定不能调节的电容器,而可变电容器的电容量是可调整变化的。按是否有极性可分为无极性电容器和有极性电容器。

1.2.3 参数

电容器的主要参数有标称容量、允许误差、额定工作电压(耐压)、绝缘电阻等。

1. 标称容量

电容量是电容器的最基本的参数。标注在电容器外壳上的电容量数值称为标称电容量。标准化的电容值由标准系列规定,常用的标准系列和电阻器相同。在实际应用中,电容量在 10^4 pF 以上的电容器,通常采用 μF 作单位,电容量在 10^4 pF 以下的电容器,通常用 pF 作单位。

2. 允许误差

标称容量与实际容量有一定的允许误差,允许误差用百分数或误差等级表示。允许误差分为五级:±1%(00 级)、±2%(0 级)、±5%(Ⅰ级)、±10%(Ⅱ级)、±20%(Ⅲ级)。有些电解电容器的容量误差范围较大,在 -20%~+100%。

3. 额定工作电压(耐压)

额定工作电压是指在规定的温度条件下,电容器可长期连续可靠工作时,极间电压不允许超过的规定电压值,否则电容器就会被击穿而损坏。额定工作电压一般都是以直流电压形式在电容器外壳上标出。

4. 绝缘电阻

电容器的绝缘电阻是指电容器两极间的电阻,也称漏电电阻。电容器中的介质并不是绝对的绝缘体,多少有些漏电。除电解电容器外,一般电容器漏电电流是很小的。显然,电容器的漏电电流越大,绝缘电阻越小。当漏电电流较大时,电容器的发热就会很严重,会导致电容器损坏,在使用时,应选择绝缘电阻大的电容器。

1.2.4 标注方法

电容器的标注方法主要有直标法、色标法和数码表示法。

1. 直标法

将电容器的标称容量、额定工作电压及允许误差直接标注在电容器的外壳上。如2.2 μF,33n 表示 0.033 μF;3u3 表示 3.3 μF;p33 表示 0.33 pF。

2. 色标法

色标法与电阻的色标法相似。色标法通常有三种颜色,沿着引线方向,前两种色标表示有效数字,第三种色标表示有效数字后面的零的个数,单位为 pF。

3. 数码表示法

不标单位,直接用数码表示容量。标注时有以下几种规则:

(1) 凡不带小数点的数值,若无单位,则单位为 pF。如 4 700 表示 4 700 pF。

(2) 凡带小数的数值,若无单位,则单位为 μF。如 0.068 表示 0.068 μF。

(3) 对于用三位数字表示电容量,前两位数字是电容量的有效数字,后一位是零的个数,单位为 pF。如 103 表示 10 000 pF;223 表示 22 000 pF;如第 3 位数字是9,则乘以 10^{-1},如 339

表示 $33 \times 10^{-1} = 3.3 \, \mathrm{pF}$。

1.2.5   测量方法

电容器的测量包括容量测量和电容器的好坏判断。电容器的容量测量主要用交流电桥、Q 表(利用谐振原理制成)或电容表来测量,电容器的好坏判断一般用万用表进行,视其容量的大小选择万用表量程。根据电容器接通电源时有瞬时充电电流流过的原理来判断。

在选择数字万用表蜂鸣档时,若被测线路电阻很小(通常为 10 欧姆以内),则蜂鸣器发出声响。这里仅介绍使用数字万用表对电容器进行测量的方法。将数字万用表的两个表笔分别接在电容器的两个引脚上(对有极性电容器红表笔接正极,黑表笔接负极),能听到蜂鸣器声音持续一段时间即停止,同时显示溢出符号"1"。这是因为刚开始对被测电容器进行充电,电容器上电压较低,电流较大,相当于短路,所以蜂鸣器鸣叫,随着充电时间变长,充电电压升高,充电电流减小,蜂鸣器停止鸣叫。测量时应注意以下问题:

1. 每次测量前应使被测电容器充分放电,对大容量电容器放电应注意放电安全。
2. 若蜂鸣器一直鸣叫不停止,则说明电容器有内部短路。
3. 被测电容器容量越大,蜂鸣器鸣叫的时间越长;如果电容器容量低于几微法就听不到蜂鸣器鸣叫(蜂鸣器鸣叫时间太短)。

1.3   电感器

电感器是电子电路中常见的基本元件,它是利用电磁感应原理制作成的,一般由线圈构成。为了增加电感量、提高品质因数 Q 和减小体积,通常在线圈中加入软磁性材料的磁芯。电感器在电路中具有通直流电,阻隔交流电的能力,广泛应用于调谐、振荡、滤波、耦合、匹配和补偿等电路。

1.3.1   符号

电感器在电路中用字母 L 表示。常用的图形符号如图 1.9 所示。

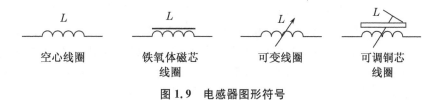

| 空心线圈 | 铁氧体磁芯线圈 | 可变线圈 | 可调铜芯线圈 |

图 1.9   电感器图形符号

1.3.2   种类

电感器的种类很多,分类方法也不一样。按电感器的电感量是否可调可分为固定电感器、可变电感器和微调电感器;按电感器的结构特点可分为单层线圈、多层线圈、蜂房线圈、带磁芯线圈、可变电感线圈和低频扼流线圈等。

各种电感线圈都具有不同的特点和用途。但它们都是用漆包线、纱包线、裸线绕在绝缘骨架上或铁芯上构成,而且每圈之间都要绝缘。下面介绍几种常用的电感器。

1. 固定电感器

固定电感器是指由生产厂家制造的带有磁芯的电感器,也称微型电感。这种电感器是将导线绕在磁芯上,然后用塑料壳封装或用环氧树脂包装而成。这种电感器体积小、重量轻、结构牢固、安装方便。其电感量直接标注在外壳上。

固定电感器有卧式和立式两种,电感量一般为 0.1～3 000 μH。

2. 铁粉芯或铁氧体芯线圈

为了调整方便,提高电感量和品质因数,常在线圈中加入一种特制材料——铁粉芯或铁氧体。不同频率采用不同的磁芯,可利用螺纹来调节磁芯和线圈的相对位置,从而改变线圈的电感量。如收音机中的振荡电路及中频调谐回路多采用这种线圈。

3. 阻流圈

阻流圈又称为扼流圈,可分为高频扼流圈和低频扼流圈。高频扼流圈在电路中用来阻止高频信号通过而让低频信号和直流通过,它的电感量一般只有几微亨。低频扼流圈又称为滤波线圈,一般在线圈中插有铁芯。它与电容器组成滤波电路,消除整流后残存的交流成分,让直流通过。其电感量较大,一般为几亨。

4. 片式电感器

片式电感器有片式叠层电感器、片式绕线电感器和片式可变电感器三种。

1.3.3 参数

1. 电感量

电感量是指电感器通过变化的电流时产生感应电动势的能力。其大小与线圈匝数、直径、绕制方式、内部是否有磁芯及磁芯材料等因素有关。圈数越多,电感量就越大。线圈内有铁芯或磁芯的,比无铁芯或磁芯的电感量大。

电感量的常用单位为 H(亨利)、mH(毫亨)、μH(微亨)。

2. 品质因数

品质因数是反映电感线圈质量好坏的一个参数,通常称为 Q 值。Q 值越高,线圈的损耗就越小。线圈 Q 值与构成线圈的导线粗细、绕制方式以及所用导线是多股线、单股线还是裸导线等因素有关。一般情况下,线圈的 Q 值越大越好。在实际应用中,用于振荡电路或选频电路线圈的 Q 值要高些,这样可以减少线圈的损耗,同时也可提高振荡幅度和选频能力,而对于耦合线圈,Q 值可以低一些。

3. 分布电容

线圈匝与匝之间存在电容,这一电容称为"分布电容"。此外,多层绕组层与层之间,绕组与底板之间也存在着分布电容。分布电容的存在往往会降低电感器的稳定性,也使线圈的 Q 值降低。为减小分布电容,可减小线圈骨架直径、线圈绕制线径,也可采用分段间绕法、蜂房式绕法。

4. 允许误差

允许误差是指线圈的标称值与实际电感量的允许误差值,也称为电感器的精度。对振荡线圈的要求较高,允许误差为 0.2%～0.5%;对耦合阻流线圈要求则较低,一般为 10%～15%。

5. 额定电流

额定电流主要对高频电感器和大功率调谐电感器而言。通过电感器的电流超过额定值时，电感器将发热，严重时会被烧坏。

1.3.4 标注方法

电感器的标注方法主要有直标法、色标法和数码表示法。

1. 直标法

电感器的直标法是将电感器的标称电感量直接标在电感器的外壳上。电感量的允许误差用Ⅰ、Ⅱ、Ⅲ即±5%、±10%、±20%表示。

2. 色标法

色标法与电阻器色环标注法类似，是指在电感器表面涂上不同的色环来表示电感量。通常用四色环表示，前两环表示有效数字，第三环表示有效数字右零的个数，第四环（或电感体本色）表示允许误差。

3. 数码法

数码法一般用在小功率电感器的标注上，是将电感器的标称值和允许误差标注在电感体上。

1.3.5 测量方法

电感量的测量要使用专门的电感量测量仪表，也可以使用带有电感量测量功能的万用表来测量，但一般测量精度较低。一般用万用表的电阻档即可对电感器的好坏进行测量和判断，如测量出电感器的两个引脚间的电阻值是∞时，则可判断电感器出现了断路。

1.4 半导体二极管

半导体器件是近 70 年来发展起来的新型电子器件，有体积小、重量轻、耗电少、寿命长、工作可靠等一系列优点，应用十分广泛。

半导体二极管简称为二极管，它具有单向导通性，也就是在正向偏置电压条件下，导通电阻很小，且存在一个导通电压降，而在反向偏置电压条件下，导通电阻极大或无穷大。二极管可用于整流、检波、稳压、混频等电路中。

1.4.1 符号

二极管在电路中用字母 D 表示。常用的图形符号如图 1.10 所示。

图 1.10 二极管图形符号

1.4.2 种类

二极管有多种类型,按材料分,可分为锗二极管、硅二极管、砷化镓二极管;按制作工艺分,可分为点接触型二极管和面接触型二极管;按用途分,可分为整流二极管、检波二极管、稳压二极管、变容二极管、光电二极管、发光二极管、开关二极管等。

二极管的分类方法很多,下面介绍几种常用的二极管:

1. 整流二极管

整流二极管主要用于整流电路,可以把交流电变换成单向脉动的直流电,由于通过的正向整流电流一般较大,都是采用面接触型的二极管,因而具有较大的结电容。

2. 稳压二极管

稳压二极管工作在反向击穿状态,在有一定反向电流的条件下,反向电压不随反向电流变化,在电路中起稳压作用。稳压二极管正向特性与普通二极管相似,但反向特性不同,在二极管未被击穿前,与普通二极管的反向特性相同,反向电流很小,当工作在击穿状态时,反向电流很大,但反向击穿电流也有限值,所以反向电流不能无限制地增大。

3. 检波二极管

检波二极管是利用二极管的单向导通性,将高频信号中的低频信号检出,它具有结电容小、频率特性良好等特点,为点接触型二极管,一般为锗管。

4. 双向二极管

双向二极管是一个二端器件,在满足一定条件下,等效于一个双向开关。双向二极管的正反特性完全对称。当加在双向二极管两端电压小于某一个值,它呈断路状态,当加在双向二极管两端电压大于该值时,它呈短路状态。这个电压称为正向和反向转折电压。双向二极管只有导通和截止两种工作状态。

5. 变容二极管

变容二极管是利用 PN 结加反向电压时电容改变特性制作成的,PN 结相当于一个结电容。反偏电压越大,PN 结的绝缘层越宽,其结电容越小;反偏电压越小,PN 结的绝缘层越窄,其结电容越大。变容二极管主要在高频电路中用于自动调谐、调频、调相等。

6. 发光二极管

发光二极管(LED)是一种光发射器件,能把电能直接转化成光能。它由镓、砷、磷等元素的化合物制成。当有正向电流流过时,发光二极管会发出一定波长范围的光,光的颜色主要取决于制造所用的材料。发光二极管主要用于指示,可组成显示数字或符号的 LED 数码管。目前市场上发光二极管的颜色有红、橙、黄、绿、蓝、白等,外形有圆形、长方形等。

7. 光敏二极管

光敏二极管又称为光电二极管,是一种光接收器件,其 PN 结工作在反偏状态。光敏二极管的管壳上有一个玻璃窗口以便接收光照。当窗口受到光照时,就形成反向电流,通过接在回路中的电阻就可以获得电压信号,从而实现光电转换。光敏二极管作为光电器件,广泛应用于光的测量和光电自动控制系统中。

8. 激光二极管

激光器分为固体激光器、气体激光器和半导体激光器。半导体激光器在所有激光器中效率最高、体积最小。现在广泛使用的半导体激光器是砷化镓激光器,即激光二极管。激光二极管的应用非常广泛,计算机的光驱、影碟机中都使用了激光二极管。激光二极管工作时,接正向电压,当 PN 结中通过一定的正向电流时,PN 结发射出激光。

9. 快速恢复二极管

快速恢复二极管是一种新型的半导体二极管,是一种开关特性好、反向恢复时间短的半导体二极管,主要应用于开关电源、PWM 脉宽调制器、变频器等电子电路中,作为高频整流二极管、续流二极管或阻尼二极管使用。

10. 肖特基二极管

肖特基二极管是肖特基势垒二极管的简称,是一种低功耗、大电流、超高速半导体器件。其反向恢复时间极短(小到几纳秒),正向导通压降仅为 0.4 V 左右,而整流电流却可以达到几千安。肖特基二极管通常用在高频、大电流、低电压整流电路中。

1.4.3　参数

1. 最大整流电流

最大整流电流是指二极管长期工作时,允许通过的最大正向电流值。使用时不能超过此值,否则二极管会因发热而烧毁。锗二极管的最大整流电流一般在几十毫安以下,硅二极管的最大整流电流一般可达几百毫安。

2. 最高反向工作电压

最高反向工作电压是指二极管在使用中允许施加的最大反向电压,它一般为反向击穿电压的一半。锗二极管的最高反向工作电压一般在几十伏以下,而硅二极管可达几百伏。

3. 最大反向电流

最大反向电流是指二极管的两端加上最高反向电压时的反向电流。反向电流越大,二极管的单向导电性就越差,这样管子寿命短,整流效率也差。硅二极管的反向电流一般在几微安到几十微安左右,而锗二极管的反向电流要比硅管大的多,一般可达几百微安。

1.4.4　标注方法

半导体二极管的型号由五个部分组成,各部分含义见表 1.3 所示。第一部分用数字"2"表示二极管;第二部分用字母表示二极管的材料和极性;第三部分用字母表示二极管的类别;第四部分用数字表示序号;第五部分用字母表示二极管规格号。

表 1.3 二极管型号及含义

第一部分:主称		第二部分:材料与极性		第三部分:类别		第四部分:序号	第五部分:规格号
数字	含义	字母	含义	字母	含义		
2	二极管	A	N型锗材料	P	小信号管(普通管)	用数字表示同一类产品的序号	用字母表示产品的规格、档次
				W	电压调整管和电压基准管(稳压管)		
				L	整流堆		
		B	P型锗材料	N	阻尼管		
				Z	整流管		
				U	光电管		
		C	N型硅材料	K	开关管		
				D 或 C	变容管		
				V	混频检波管		
		D	P型硅材料	JD	激光管		
				S	隧道管		
				CM	磁敏管		
		E	化合物材料	H	恒流管		
				Y	体效应管		
				EF	发光二极管		

1.4.5 测量方法

用数字万用表检测二极管时,测量过程如下:

1. 将数字万用表的档位开关调至二极管测量档。

2. 红色表笔接二极管正极,黑色表笔接二极管负极,此时测量应得到二极管的正向压降值,正向压降值在 150 mV~800 mV。

3. 交换红表笔和黑表笔再次进行测量,此时测量结果应为二极管反向截止不通,显示为"1"。

如果两次交换表笔得到的测量值都比较小,说明二极管已经损坏;若两次测量值都是"1",则说明二极管已开路。

1.5 半导体三极管

半导体三极管也称为晶体管或晶体三极管,是电流放大器件,可以把微弱的电信号放大到一定强度,在电子电路中被广泛使用,是电子电路的核心器件。

三极管的三个引脚分别是发射极、基极和集电极。三极管由两个 PN 结构成,其中一个称为发射结,另一个称为集电结。在进行信号放大时,使发射结处于正向偏置,集电结处于反向偏置,就可以实现对输入的小电流信号进行放大。

1.5.1　符号

三极管按 PN 结的组合方式不同,可分为 NPN 型和 PNP 型两种。常用的图形符号如图 1.11 所示。

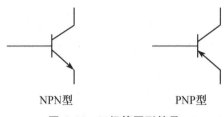

NPN型　　　　　　　　PNP型

图 1.11　三极管图形符号

1.5.2　种类

三极管有多种分类方法:

1. 按半导体材料分类,可分为硅材料三极管和锗材料三极管。

2. 按三极管的极性分类,可分为锗 NPN 型三极管、锗 PNP 型三极管、硅 NPN 型三极管和硅 PNP 型三极管。

3. 按结构和制造工艺分类,可分为扩散型三极管、合金型三极管和平面型三极管。

4. 按电流容量分类,可分为小功率三极管、中功率三极管和大功率三极管。

5. 按工作频率分类,可分为低频三极管、高频三极管和超高频三极管等。

6. 按封装结构分类,可分为金属封装(简称金封)三极管、塑料封装(简称塑封)三极管、玻璃壳封装(简称玻封)三极管、表面封装(片状)三极管和陶瓷封装三极管等。

7. 按功能和用途分类,可分为低噪声放大三极管、中高频放大三极管、低频放大三极管、开关三极管、达林顿三极管、高反压三极管、带阻尼三极管、微波三极管、光敏三极管和磁敏三极管等。

1.5.3　参数

三极管参数很多,大致分为三类,即直流参数、交流参数和极限参数。

1. 直流参数

(1) 共发射极电流放大倍数 $\bar{\beta}$:指集电极电流 I_C 与基极电流 I_B 之比,即

$$\bar{\beta} = \frac{I_C}{I_B} \tag{1-1}$$

(2) 集电极—发射极反向饱和电流 I_{CEO}:指基极开路时,集电极与发射极之间加上规定的反向电压时的集电极电流,又称穿透电流。它是衡量三极管热稳定性的一个重要参数,其值越小,则三极管的热稳定性越好。

(3) 集电极—基极反向饱和电流 I_{CBO}:指发射极开路时,集电极与基极之间加上规定的反

向电压时的集电极电流。质量好的三极管的 I_{CBO} 应很小。

2. 交流参数

(1) 共发射极交流电流放大系数 β：指在共发射极电路中，集电极电流变化量与基极电流变化量之比，即

$$\beta = \frac{\Delta I_C}{\Delta I_B} \tag{1-2}$$

(2) 共发射极截止频率 f_β：指电流放大系数因频率增加而下降至低频放大系数的 0.707 倍时的频率，即输出信号值下降了 3 dB 时的频率。

(3) 特征频率 f_T：指 β 值因频率升高而下降至 1 时的频率。

3. 极限参数

(1) 集电极最大允许电流 I_{CM}：指三极管参数变化不超过规定值时，集电极允许通过的最大电流。当三极管的实际工作电流大于 I_{CM} 时，其性能将显著变差。

(2) 集电极—发射极反向击穿电压 $BV_{(BR)CEO}$：指集电极开路时，集电极与发射极间的反向击穿电压。

(3) 集电极最大允许功率损耗 P_{CM}：指集电极允许功耗的最大值，其大小取决于集电结的最高结温。

1.5.4　标注方法

国产三极管型号由五部分组成，各部分含义见表 1.4。第一部分用数字"3"表示三极管；第二部分用字母表示三极管的材料和极性；第三部分用字母表示三极管的类别；第四部分用数字表示同一产品的序号；第五部分用字母表示规格号。

表 1.4　三极管型号及含义

第一部分：主称		第二部分：材料与极性		第三部分：类别		第四部分：序号	第五部分：规格号
数字	含义	字母	含义	字母	含义		
3	三极管	A	锗材料 PNP	G	高频小功率	用数字表示同一类产品的序号	用字母表示产品的规格、档次
				X	低频小功率		
		B	锗材料 NPN	A	高频大功率		
				D	低频大功率		
		C	硅材料 PNP	T	闸流管		
				K	开关管		
		D	硅材料 NPN	V	微波管		
				B	雪崩管		
		E	化合物材料	J	阶跃恢复管		
				U	光敏管（光电管）		

1.5.5　测量方法

用数字万用表可以区分三极管的管脚和测量共发射极电流放大系数$\bar{\beta}$。

1. 三极管基极管脚和类型判别

将数字万用表档位开关放在二极管测量档,将红表笔接触其中一个引脚,黑表笔分别接触另外两个引脚,若两次测量中得到的值都较小,则说明与红表笔接触的引脚是基极,且该三极管是 NPN 型的;如果两次测量中一次测量得到的值较小,另一次测量得到的值为“1”,则说明与红表笔接触的引脚不是基极,应改变与红表笔接触的引脚重新进行测量。

如果在上述测量过程中没有找到基极,则要交换红表笔和黑表笔,重复上述测量过程,若两次测量中得到的值均较小,则说明与黑表笔接触的引脚是基极。

2. 三极管共发射极电流放大倍数β的测量

将数字万用表档位开关放在“HFE”测量档,根据上面已判断出的三极管基极和三极管类型,选择合适的“HFE”档测量插孔,并将两个未知引脚分别交换插孔位置测量,在得到的两个测量值中,为非“1”时是三极管的共发射极电流放大倍数β的值,两个未知引脚在此测量值下引脚旁的符号即为相应引脚的管脚符号。

1.6　集成电路

集成电路是一种采用特殊工艺,将晶体管、电阻、电容等元器件组成的电路集成在硅基片上,且封装在特定的外壳中而形成的具有特定功能的器件,英文名称为 Integrated Circuit,缩写成 IC,俗称芯片。

集成电路能实现一些特定的功能,如放大信号或储存信息,也可以通过软件改变整个电路的功能。集成电路具有体积小、功耗低、稳定性好等优点,是近几十年半导体器件发展起来的高科技产品,发展速度异常迅猛,从小规模集成电路(仅含有几十个晶体管),发展到今天的超大规模集成电路(含有几千万个晶体管或门电路),集成电路的功能是否强大是衡量一个电子产品是否先进的重要标志。

1.6.1　符号

集成电路在电路原理图中通常用字母“ICxxx”或者“Uxxx”来表示,如“IC1”或者“U1”表示电路原理图中的第一个集成电路。

集成电路在电路原理图中没有固定的图形,通常用一个方框表示,并在方框上引出多个引脚,引脚上的数字代表该引脚在此集成电路中的引脚编号,且编号是唯一的,如图 1.12 所示。

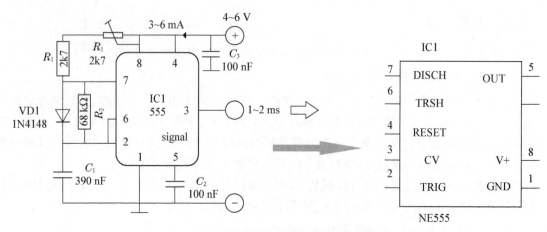

图 1.12 集成电路在原理图中的图形符号

1.6.2 种类

集成电路有多种分类方法：

1. 按制作工艺分类

集成电路按其制作工艺分，可分为薄膜集成电路、厚膜集成电路和混合集成电路。薄膜集成电路是在绝缘基片上采用薄膜工艺形成有源器件、无源器件和互连线组合构成；厚膜集成电路是在陶瓷等基片上用厚膜工艺制作厚膜无源网络，之后再装接二极管、三极管或半导体集成电路构成；混合集成电路是采用半导体工艺和薄膜、厚膜工艺混合制作而成。

2. 按集成规模分类

集成电路按集成规模分，可分为小规模集成电路、中规模集成电路、大规模集成电路和超大规模集成电路。小规模集成电路芯片上集成有 10 个门电路或 10～100 个元器件；中规模集成电路芯片上集成有 10～100 个门电路或 100～1 000 个元器件；大规模集成电路芯片上集成有 100 个以上门电路或 1 000 个以上元器件；超大规模集成电路芯片上集成有 10 000 个以上门电路或 100 000 个以上元器件。

3. 按功能分类

集成电路按功能分，可分为数字集成电路和模拟集成电路。数字集成电路是能够传输"0"和"1"两种状态信息并完成逻辑运算、存储、传输及转换的电路。数字电路的基本形式有门电路和触发器电路两种。常用的数字电路有 4000,54xx,74xx,74LSxx,74HCxx 系列。模拟集成电路是除了数字集成电路以外的电路。模拟集成电路可分为线性集成电路和非线性集成电路。线性集成电路指电路输入、输出信号呈线性关系的电路，最常见的是各类运算放大器。非线性集成电路是输出信号不随输入信号线性变化的电路。

4. 按导电类型分类

集成电路按导电类型分，可分为双极型集成电路和单极型集成电路。双极型集成电路频率特性好，但功耗大，而且制作工艺复杂，绝大多数模拟集成电路和数字集成电路属于这一类型。单极型集成电路工作速度低，但输入阻抗高，功耗小，制作工艺简单，易于大规模集成。

1.6.3 参数

集成电路的参数很多,在使用时可参考所使用集成电路的使用手册,这里主要介绍静态工作电流、最大输出功率和电源电压值,这些参数在手册中均有典型值、最小值和最大值。

1. 静态工作电流

静态工作电流是指在不给集成电路加任何输入信号的条件下,电源引脚回路中的电流值。当集成电路被测量到的静态电流值大于它的最大值时,会造成集成电路发生故障或损坏。

2. 最大输出功率

最大输出功率主要适用于对功率输出有要求的集成电路。它是指信号失真度为一定限值时输出引脚所输出信号的功率。

3. 电源电压值

电源电压值是指可以加在集成电路电源引脚与接地端引脚之间的直流工作电压值,电源电压值要在最小值和最大值之间,当电源电压值小于最小值时会导致集成电路不能正常工作,而大于最大值时会导致集成电路损坏。

1.6.4 标注方法

集成电路的型号由五个部分组成,各部分含义如表 1.5 所示。第一部分用字母"C"表示该集成电路由中国制造;第二部分用字母表示集成电路的类型;第三部分用数字和字母混合,表示集成电路的系列和品种代号;第四部分用字母表示集成电路工作温度范围;第五部分用字母表示集成电路的封装形式。

表 1.5 集成电路型号中各部分符号及含义

第一部分		第二部分		第三部分	第四部分		第五部分	
用字母表示器件符号国家标准		用字母表示器件的类型			用字母表示器件的工作温度范围		用字母表示器件的封装	
符号	意义	符号	意义		符号	意义	符号	意义
C	国家标准	T	TTL 电路	用阿拉伯数字和字符表示器件的系列和品种代号	C	0～70 ℃	F	多层陶瓷扁平
		H	HTL 电路				B	塑料扁平
		E	ELC 电路					
		C	COMS 电路				H	黑瓷扁平
		M	存储器		G	−25～70 ℃	D	多层陶瓷双列直插
		μ	微型机电路					
		F	线性放大器				J	黑瓷双列直插
		w	稳压器		L	−25～85 ℃	P	塑料双列直插
		B	非线性电路					

（续表）

第一部分		第二部分		第三部分	第四部分		第五部分	
用字母表示器件符号国家标准		用字母表示器件的类型			用字母表示器件的工作温度范围		用字母表示器件的封装	
符号	意义	符号	意义		符号	意义	符号	意义
C	国家标准	J	接口电路	用阿拉伯数字和字符表示器件的系列和品种代号	E	−40～85 ℃	S	黑瓷单列直插
		AD	A/D 转换器				K	金属菱形
		DA	D/A 转换器					
		D	音响、电视电路		R	−55～85 ℃	T	金属圆形
		SC	通信专用电路				C	陶瓷芯片载体
		SS	敏感电路		M	−55～125 ℃	E	塑料芯片载体
		SW	钟表电路				G	网络陈列

1.6.5 测量方法

1. 集成电路引脚识别

集成电路封装材料有塑料、陶瓷和金属三种。封装的外形有圆顶形、单列直插形及双列直插形等。虽然集成电路引脚数目很多（从几脚到数百引脚），但其排列是有一定规律的，在使用时可按照这些规律来正确识别。

（1）圆顶形封装的集成电路

对圆顶形封装的集成电路，识别引脚时，应将集成电路引脚朝上，再找出其定位标记。常见的定位标记有锁口突平、定位孔及引脚不均匀排列等。引脚序号的顺序由定位标记对应的引脚开始，按顺时针方向从序号"1"开始依次给排列引脚编号。如图 1.13 所示。

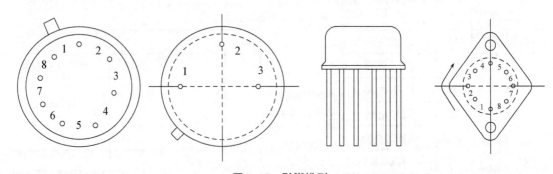

图 1.13 引脚排列

（2）单列直插式集成电路

识别单列直插式集成电路引脚时应使引脚朝下，面对型号或定位标记，自定位标记位置的引脚开始，从序号"1"开始依次给排列引脚编号。这一类集成电路上常用的定位标记为色点、凹坑、小孔、线条、色带、缺角等，如图 1.14 所示。

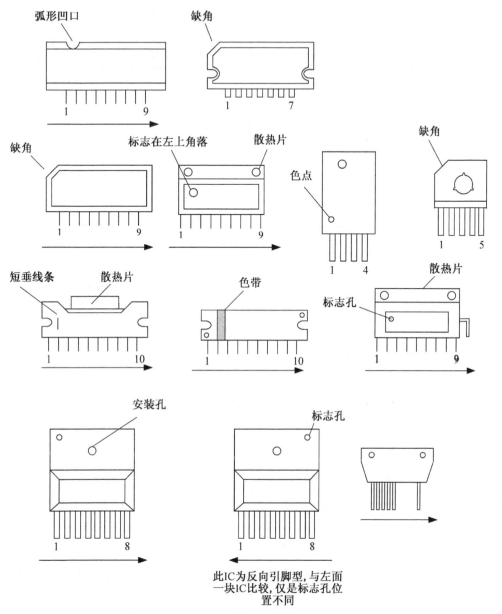

图 1.14 单列直插式引脚排列

（3）双列直插式集成电路

识别双列直插式集成电路引脚时，若引脚向下，即其型号向上，定位标记在左边，从左下角引脚开始，从序号"1"开始按逆时针方向依次给排列引脚编号。如图 1.15 所示。

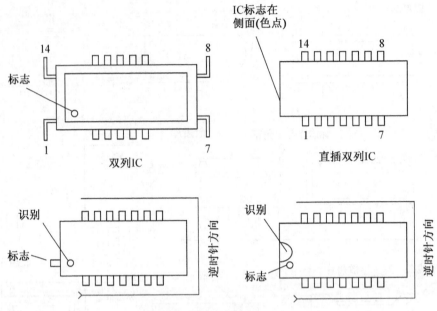

图 1.15　双列直插式引脚排列

（4）四列扁平封装集成电路

识别四列扁平封装集成电路引脚时，若引脚向下，即其型号向上，从定位标记引脚开始，按序号"1"开始按逆时针方向依次给排列引脚编号。如图 1.16 所示。

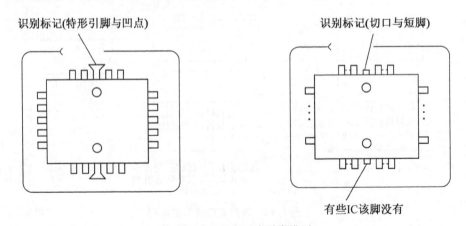

图 1.16　四列扁平式引脚排列

2. 集成电路性能检测

集成电路内部元器件众多，电路结构复杂，一般常用以下几种方法概略判断其好坏。

（1）电阻法

① 通过测量单块集成电路各引脚对地正、反向电阻，与参数资料或另一块好的相同集成电路进行比较，从而做出判断。在测量电阻时必须使用同一个万用表的同一个测量档测量。

② 在没有对比或集成电路已焊接在印刷电路板上的条件下，只能使用间接电阻法进行测量，即在电路板上测量集成电路引脚周围元器件的好坏来判断，若外围元器件没有损坏，则集

成电路有可能已损坏。

（2）电压法

在集成电路通电的情况下,测量集成电路直流供电电压、各引脚对地直流电压、外围元器件的工作电压值,并与正常值相比较,进而缩小故障范围,找出损坏元器件或故障电路。

对于交流信号的输出端,可采用交流电压法来进行判断,测量该引脚对地的交流电压,和正常值相比较,如果异常,则可断开该引脚与外围电路的连线,再测该引脚对地交流电压,如果正常则说明是外围电路故障,否则是该集成电路损坏。

（3）波形法

用示波器测量集成电路各引脚的波形,看是否和原设计相符,若有较大差别,并且外围元器件又无故障,则该集成电路有可能已损坏。

1.7　开关

开关是在电路中对电器（负载）的供电进行通断控制的一种元器件。

1.7.1　符号

开关在电路原理图中通常用字母"S"表示,如"S1"就表示序号为"1"的开关。常见开关的电路符号如图1.17所示。

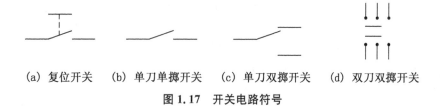

(a) 复位开关　　(b) 单刀单掷开关　　(c) 单刀双掷开关　　(d) 双刀双掷开关

图1.17　开关电路符号

1.7.2　种类

开关的工作原理都是一样的,就是当两段导体接触时电路导通（ON）,导体分离时电路断路（OFF）。开关的种类相当多,按照控制方式分,可分为机械式开关和电子式开关两大类。机械式开关在开关过程中必须有机械力的参与才能完成控制工作,可分为按钮开关、锁定开关、滑动开关、波段开关和拨码开关等。而电子式开关是由具有开关特性的元器件（如二极管、三极管等）制成的一种开关。这种开关在进行电路通断控制过程中没有机械力的参与。下面介绍几种常用的开关。

1. 单刀单掷和多刀多掷开关

通常情况下,一个开关由两个接触点构成,其中一个是可以移动的触点,与这个触点相连的引脚是动引脚,另一个触点就是定触点,与这个触点相连的引脚就是定引脚。

若一个开关只有一个动触点,且这个动触点只能与一个定触点接通,那么这种开关就是单刀单掷开关（只有两个引脚）;若一个开关有三个引脚,且其中一个引脚是动引脚,另外两个引脚都是定引脚,而且动触点可以轮流与两个定触点进行接通,那么这种开关就是单刀双掷开关。常见的单刀单掷开关和多刀多掷开关外形如图 1.18 所示。

双刀双掷开关　　双刀单掷开关　　　　　　　　　滑动开关　　　　翘板开关

按钮开关

单刀双掷开关　　单刀单掷开关　　　　　　旋转开关　　　　摇头开关

图 1.18　常见的单刀单掷开关和多刀多掷开关外形图

2. 锁定开关和非锁定开关

开关按操作行为不同,还可分为锁定开关和非锁定开关。锁定开关特点是按一下,动触点和定触点会维持导通,再按一下,动触点和定触点就会断开,每种状态在下一次按之前都会得到保持,也称自锁开关。非锁定开关特点是开关只有在被按下时导通或者被按下时断开,松开时就会恢复到被按下前的状态,也称微动式轻触。常见的非锁定开关外形如图 1.19 所示。

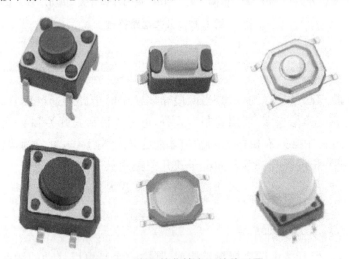

图 1.19　常见的非锁定开关外形图

3. 拨码开关

拨码开关又称为 DIP 开关,是多个单刀单掷开关的组合。当开关数量为 4 时,称为"4 位拨码开关";当组合开关数量为 8 时,称为"8 位拨码开关"。这种开关在正面的一方标注"ON"符号,当某路开关拨至"ON"位置时,表示该路开关为接通(闭合)状态,否则为断开状态。拨码开关主要用于小电流状态下的模式选择、地址选择等电路中。常见的拨码开关外形如图 1.20 所示。

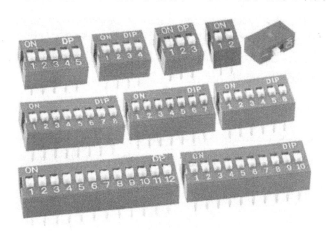

图 1.20　常见的拨码开关外形图

4. 电子开关

电子开关又称为模拟开关,是由一些电子元器件组成的,常以集成电路形式出现。如 CD4051 为 8 选 1 模拟开关,这种开关是以数字信号来进行通道选择,具有体积小、无触点、易于控制和寿命长等优点。

1.7.3　参数

开关的主要参数有:最大额定电压、最大额定电流、接触电阻、绝缘电阻和耐压等。

1. 最大额定电压

最大额定电压是指在正常工作条件下,开关允许施加的最大电压。若是交流电源开关,则通常用交流电压作参数。

2. 最大额定电流

最大额定电流是指在正常工作条件下,开关允许通过的最大电流。当电流超过此值时,开关触点会因大电流而烧毁。

3. 接触电阻

接触电阻是指开关接通时,动触点与定触点间的电阻。该电阻值越小越好,一般接触电阻在 0.1 Ω 以下。

4. 绝缘电阻

绝缘电阻是指开关的导体部分与绝缘部分的电阻。绝缘电阻值越大越好,一般绝缘电阻在 100 MΩ 以上。

5. 耐压

耐压是指不相接触的开关导体之间所能承受的电压。一般开关的耐压要至少大于 100 V;电源(市电)开关的耐压要求大于 500 V(交流 50 Hz)。

1.8 接插件

接插件又叫连接器,是为了方便两个电路之间进行连接而设计的一种特殊的电子元器件。开关和接插件的相同之处是通过接触实现所连电路的连接,区别是接插件只有插入和拔出两种状态,而开关可以实现电路的状态转换。

1.8.1 种类

接插件主要有两种类型:一种用于电子电路与外部设备之间进行连接;另一种是在电子电路之间进行连接的接插件。由于电子电路的不同需求,接插件的类型也有很多种。下面介绍几种常用的接插件。

1. 接线端子

接线端子是为了方便导线的连接,它其实就是一段封在绝缘塑料里的金属片,两端都有孔可以插入导线,用螺丝进行固定或松开。常见的接线端子外形如图 1.21 所示。

图 1.21　常见的接线端子外形图

2. 音频/视频类接插件

常见的音频/视频类接插件外形如图 1.22 所示。

图 1.22　常见的音频/视频类接插件外形图

（1）二芯、三芯插头：主要用来传输各种电路之间的信号。二芯插头主要用于单声道信号的连接；三芯插头主要用于立体声信号的连接。

（2）莲花插头：主要用在音频器材和视频器材之间的输入和输出插头。

（3）卡农插头：主要用于话筒与功放之间连接。

（4）RCA 插头：主要用在器材中视频信号的传输。

3. BNC 插头/插座

BNC 插头/插座是一种用来连接同轴电缆的接插件。它是一个带有螺旋凹槽的金属接头，由金属套头、镀金针头和金属套管组成。在同轴电缆两端都必须安装有 BNC 接头，两根同轴电缆之间的连接是通过专用的 T 形接头相连接的。BNC 插头/插座主要应用在需要采用同轴电缆的高频发射/接收设备、网络集线器或交换机上。常见的 BNC 插头/插座外形如图 1.23 所示。

图 1.23　常见的 BNC 插头/插座外形图

4. 电路板接插件

电路板接插件主要用来进行两块电路板之间的连接，这种接插件一般都是安装在印制电路板上的。

电路板接插件又可分为单引线接插件和多引线接插件。其中，单引线接插件可以按照需要进行组合，这种接插件通常与"短路跳线帽"（短路帽）配合使用，用作跳线选择开关。当"短路跳线帽"插在两个相邻的单引线接插件上时，这两个原本断开的单引线接插件就会接通。

多引线接插件主要用来进行电路连接，为了防止插错方向，这种接插件通常采用非对称设计（插头只能从一个方向和位置插入插座中），也称防误插功能，故这种插头若要拔下来，则要压下防止误插和固定的倒扣，然后稍用力向上提起插头才能取下。常见的电路板接插件外形如图 1.24 所示。

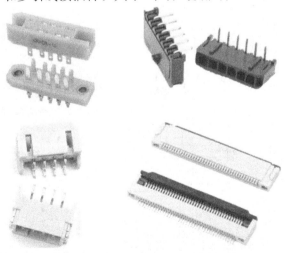

图 1.24　常见的电路板接插件外形图

1.8.2 参数

接插件的主要参数有:最高工作电压、最高工作电流、绝缘电阻、接触电阻、分离力。

(1) 最高工作电压和最高工作电流:指插头、插座的接触对在正常工作条件下所允许通过的最大电压和最大电流。

(2) 绝缘电阻:指插头、插座各接触对之间及接触对与外壳之间具有的最低电阻值。

(3) 接触电阻:指插头插入插座后,接触对之间具有的电阻值。

(4) 分离力:指插头拔出插座时需要克服的摩擦力。

1.9 继电器

继电器是一种电子控制器件,使用控制信号来控制一组或多组电器触点开关。继电器实际上是用较小的电流去控制较大电流的一种"自动开关",故在电路中起着自动调节、安全保护及转换电路等作用。

1.9.1 符号

继电器在电路原理图中通常用字母"K"表示。常见继电器的图形符号如图 1.25 所示。

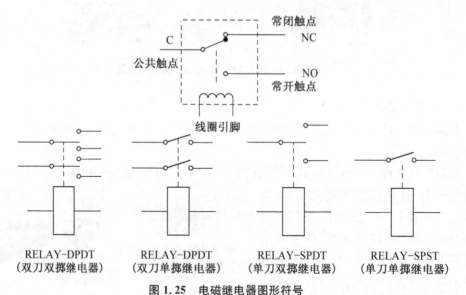

图 1.25 电磁继电器图形符号

1.9.2 种类

继电器的种类很多,通常分为直流继电器、交流继电器、舌簧继电器、时间继电器和固态继电器等。

1. 直流继电器

线圈必须加入规定方向的直流电流才能控制继电器吸合。

2. 交流继电器

线圈可以加交流电流来控制继电器吸合。

3. 舌簧继电器

其特点是触点吸合或释放速度快,常用于自动控制设备中动作灵敏、快速的执行器件。

4. 时间继电器

其触点的吸合或释放具有延时功能,广泛应用于自动控制及延时电路中。

5. 固态继电器

又称为固体继电器,是无触点开关器件,与电磁继电器的功能一样,并且具有体积小、功耗低、快速、灵敏、耐用、无触点干扰等优点。其内部结构主要由三部分组成,光电耦合的固态继电器内部原理图如图 1.26 所示。

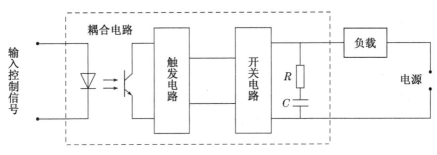

图 1.26　固态继电器内部原理图

1.9.3　继电器工作原理

1. 电磁继电器工作原理

电磁继电器一般由铁芯、线圈、衔铁、触点及簧片等组成。线圈是由漆包线在一个圆铁芯上绕制而成。只要在线圈两端加上一定的电压,线圈中会流过一定的电流,圆铁芯就会产生磁场,该磁场产生强大的电磁力,吸动衔铁带动簧片,使簧片上的触点接通。当线圈断电时,铁芯失去磁性,电磁吸力也随之消失,衔铁就会离开铁芯。由于簧片的弹性作用,故因衔铁压迫而接通的簧片触点就会断开,如图 1.27 所示。因此,可以用很小的电流去控制其他电路的通断。

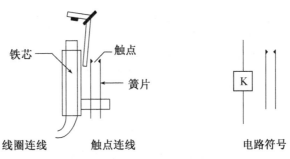

图 1.27　电磁继电器工作示意图

2. 固态继电器工作原理

固态继电器是一种全部由固态电子组件组成的新型无触点开关器件。它利用电子组件(如开关三极管、双向晶闸管等半导体器件)的开关特性达到无触点、无火花且能接通和断开电路的目的,因此又被称为"无触点开关"。相对于以往的"线圈—簧片触点式"继电器,固态继电器没有任何可动的机械零件,工作中也没有任何机械动作,反应快、可靠性高、寿命长、无动作噪音、耐振、耐机械冲击、无火花,具有良好的防潮防霉、防腐蚀特性,可广泛应用于军事、航天、航海、家电、机床、通信、化工、煤矿等工业自动化等领域的设备中。

固态继电器的功能与一般电磁继电器相同,但没有电磁继电器的机械触点。固态继电器可分为控制输入端与输出端两部分,这两者之间是隔离的。其控制的输入部分采用光耦合电路,而输出部分采用单向晶闸管或双向晶闸管。利用输入的控制电压使光耦合器内部的发光二极管发光,经过内部的控制电路触发输出端的单向晶闸或双向晶闸管导通,进而驱动负载。

1.9.4 参数

1. 电磁继电器参数

普通电磁继电器主要参数有线圈额定工作电压、线圈额定工作电流、触点额定工作电压、触点额定工作电流、吸合电流、释放电流、触点接触电阻、绝缘电阻等。其中最主要的参数是线圈额定工作电压、触点额定工作电压、触点额定工作电流。

常用小型电磁继电器线圈电压有直流 3 V、5 V、6 V、9 V、12 V、18 V、24 V、48 V、60 V、110 V(120 V)及交流 6 V、12 V、24 V、48 V、120 V、220 V 等。

2. 固态继电器参数

固态继电器的主要参数有输入和输出参数。输入参数包括直流控制电压、输入电流、接通电压、关断电压及绝缘电阻等。输出参数主要有额定输出电压、浪涌电流等。

1.9.5 标注方法

电磁继电器的型号一般由主称代号、外形符号、短画线、序号及特征符号五个部分组成,如图 1.28 所示。

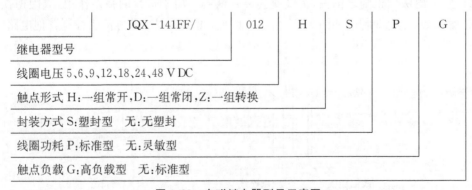

图 1.28 电磁继电器型号示意图

国内各类继电器的型号和规格组成如表 1.6 所示。

表 1.6 国内各类继电器型号和规格组成

类型	第一部分	第二部分	第三部分	第四部分	第五部分
微功率直流电磁继电器	JW				
弱功率直流电磁继电器	JR				
中功率直流电磁继电器	JZ				
大功率直流电磁继电器	JQ				
交流电磁继电器	JL		"—"表示继电器触点的组数和触点的形式,触点的组数通常有 1 组、2 组、3 组、4 组四种,分别用阿拉伯数字 1、2、3、4 表示;而触点形式通常有常开、常闭、转换三种。一般用"A"或"H"表示常开,用"B"或"D"表示常闭,用"C"或"Z"表示转换		
磁保持继电器	JM	W:微型 C:超小型 X:小型			M:密封 F:封闭
固态继电器	JG				
高频继电器	JP				
同轴继电器	JPT				
真空继电器	JPK				
温度继电器	JU				
电热式继电器	JE				
光电继电器	JF				
特种继电器	JT				
极化继电器	JH				
电子时间继电器	JSB				

1.9.6 测量方法

此处仅讨论电磁继电器的测量方法:

(1)继电器线圈检测

继电器线圈的检测方法与电感器的测量方式类似,使用数字万用表的千欧电阻档进行测量,继电器的线圈阻值一般在几十欧到几千欧之间,这也是判断线圈引脚的重要数据。

(2)常开/常闭触点检测

常开触点检测方法:用数字万用表的电阻档进行测量,若测量得到的电阻值是"1",则说明常开触点正常;如果测量得到的电阻值不是"1",则说明常开触点没有断开,已损坏。

常闭触点检测方法:用数字万用表的蜂鸣二档进行测量,若测量时蜂鸣器发出声响,则说明常闭触点正常;如果测量时蜂鸣器不响,测量得到的电阻值是"1",则说明常闭触点没有闭合或已损坏。

1.10 蜂鸣器

蜂鸣器是一个发声装置。它将线圈置于由永磁铁、铁芯、高导磁的小铁片及振动膜组成的磁回路中。通电时,小铁片与振动膜受磁场的吸引会向铁芯靠近,线圈接收振动信号则会生成交替磁场,继而将电能转为声能。

1.10.1 符号

蜂鸣器在电路中用字母"H"或"HA"表示。蜂鸣器的电路图形符号如图1.29所示。

图1.29　蜂鸣器电路图形符号

1.10.2 种类

蜂鸣器主要分为压电式蜂鸣器和电磁式蜂鸣器两种类型。

1. 压电式蜂鸣器

压电式蜂鸣器主要由多谐振荡器、压电蜂鸣片、阻抗匹配器、共鸣箱及外壳等组成。压电蜂鸣片是将高压极压化后的压电陶瓷片黏贴于振动金属片上。当加上交流电压后,会因为压电效应而生成机械形变,利用此特性使金属片振动而发出声响。

2. 电磁式蜂鸣器

电磁式蜂鸣器由多谐振荡器、电磁线圈、磁铁、振动膜片及外壳等组成。多谐振荡器由晶体管或集成电路构成。当通电后,多谐振荡器起振输出1.5~2.5 kHz的音频电流信号通过电磁线圈,使电磁线圈产生磁场,振动膜片在电磁线圈和磁铁的相互作用下,周期性地振动发声。

常见的蜂鸣器外形图如图1.30所示。

图1.30　常见的蜂鸣器外形

在实际应用中按蜂鸣器内部是否带有驱动电路又将蜂鸣器分为有源蜂鸣器和无源蜂鸣器两类。它们在使用时对输入信号的要求不一样,有源蜂鸣器因内部带有驱动电路,在工作时只需输入直流信号即可工作;而无源蜂鸣器因内部没有驱动电路,在工作时需输入交流信号才能正常工作。

1.10.3 测量方法

将数字万用表档位开关放在电阻测量档,可以对蜂鸣器进行测量。蜂鸣器的电阻值一般在几百欧姆左右,测量时红色表笔接蜂鸣器标有"＋"的引脚,黑表笔在另一引脚上来回碰触,如果能发出咔、咔声,且电阻只有 8 Ω(或 16 Ω)的是无源蜂鸣器;如果能发出持续声音,且电阻在几百欧以上的,是有源蜂鸣器;若无咔、咔声响,且电阻值为"1",则表明该蜂鸣器开路损坏。

1.11　LED 数码管

LED 数码管是由发光二极管构成的最为常用的显示器件。它利用 7 个发光二极管显示数字,通常被称为 7 段 LED 显示器或者数码管。LED 数码管具有发光显示清晰、响应速度快、体积小、寿命长、耐冲击、易与各种驱动电路连接等优点,在各种数显仪器仪表、数字控制设备中得到广泛应用。

有时为了方便使用,将多个数字字符封装在一起构成多位数码管,内部封装了"X"个数字字符的数码管就叫做"X"位数码管。常用的数码管为 1~6 位。常见的 LED 数码管外形如图 1.31 所示。

图 1.31　常见 LED 数码管外形图

1.11.1　符号

LED 数码管的 7 个笔画段电极分别用 a~g 表示,dp 为小数点。LED 数码管的电路图形符号如图 1.32 所示。

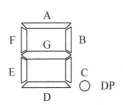

图 1.32　LED 数码管电路图形符号

1.11.2　种类

LED 数码管按内部发光二极管的连接方式不同可分为共阴和共阳两种类型,如图 1.33 所示。

共阴连接方式是指内部的所有发光二极管的阴极(负极)连接在一起作为一个公共端引出,每个发光二极管的阳极单独引出;共阳连接方式是指内部的所有发光二极管的阳极(正极)连接在一起作为一个公共端引出,每个发光二极管的阴极单独引出。

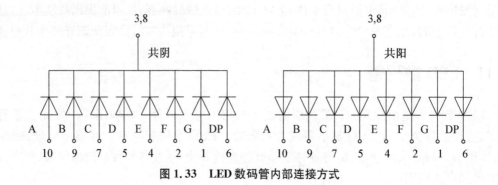

图 1.33　LED 数码管内部连接方式

1.11.3　标注方法

各公司生产的 LED 数码管标注的型号名称不完全相同,从型号中可以知道数码管的极性和颜色等信息。LED 数码管的型号由五个部分组成,如图 1.34 所示。各部分含义见表 1.8所示。

$$\underset{1}{\underline{JM}} \quad \underset{2}{-} \quad \underset{2}{\underline{S}} \quad \underset{3}{\underline{056}} \quad \underset{4}{\underline{1}} \quad \underset{5}{\underline{2}} \quad \underset{6}{\underline{A}} \quad \underset{7}{\underline{EG}}$$

1:JM　生产厂商名称

2:S　表示数码管

3:表示 8 字高度

　056　表示 8 字高度为 0.56 英寸

　150　表示 8 字高度为 1.5 英寸

4:表示 8 字位数

　1　表示单位

　2　表示双数

　3　表示三位

　4　表示四位

5:模具号

6:极性

　A、C、E、…共阴

　B、D、F、…共阳

7:颜色代码

　R　红色

　H　高亮红

　S　超高亮红

　G　常绿

　PG　纯绿

　E　橙红

　Y　黄色

　B　蓝色

　EG　橙红双色

　HG　高亮红双色

图 1.34　LED 数码管的命名

表 1.8　LED 数码管型号各部分含义

序号	字母/数字		含义
1	JM		生产厂商名称
2	S		表示数码管
3	表示 8 字高度	056	表示 8 字高度为 0.56 英寸
		150	表示 8 字高度为 1.5 英寸
4	表示 8 字位数	1	表示单位
		2	表示双位
		3	表示三位
		4	表示四位
5	模具号		
6	极性	A、C、E、…	共阴
		B、D、F、…	共阳
7	颜色代码	R	红色
		H	高亮红
		S	超高亮红
		G	常绿
		PG	纯绿
		E	橙红
		Y	黄色
		B	蓝色
		EG	橙红双色
		HG	高亮红双色

1.11.4　测量方法

　　将数字万用表档位开关放在二极管测量档(以共阴极 LED 数码管为例),将黑表笔接触 LED 数码管的公共端,红表笔则分别去接触 LED 数码管各笔画段电极(a~h 脚),当测量显示值为 1.8V 左右正向导通电压(每一笔画段是一个发光二极管),对应 LED 数码管的笔画段会发光,如测量显示值为"1"时,所对应 LED 数码管的笔画段不发光,则说明被测笔画段的发光二极管已经开路损坏。

第2章 印刷电路板的设计

印刷电路板(Printed Circiut Board,又称 PCB),也称印制线路板,是电子产品的重要组成部分。所有的电子元器件都需要承载体,而绝大部分电子元器件都需要安装在印刷电路板上。印刷电路板由绝缘基板和印制导线、过孔、焊盘等组成,它的制作和选用是电子整机产品制作中的重要工序。它被广泛应用于各类电子设备、家用电器中。

在电子产品内部,所有的电子元器件都是安装在一块或者几块印刷电路板上的,再使用焊接材料进行电气连接。

随着电子技术的飞速发展,电子产品向着小型化、轻型化、薄型化发展,印刷电路板也不断由刚性板向挠性板、由单层板向多层板、由低密度向高密度小孔径、微细化线路连接发展。目前,应用最广泛的是单面印刷电路板和双面印刷电路板。

2.1 PCB 的基础知识

PCB 几乎会出现在每一种电子设备当中。如果在某种设备中有电子元器件,那么它们也都是焊接在大小各异的 PCB 上。

2.1.1 PCB 的特点

PCB 作为一种新的互连工艺技术,它革新了电子产品的结构工艺和组装工艺,具有如下很多突出的优点:

1. PCB 代替了电路中元器件之间的导线连接,减少了接线错误,简化了电子产品的焊接、调试工作,提高了电子产品的质量和可靠性。

2. PCB 上安装元器件更容易,可减少连线时间,降低劳动强度和成本。

3. PCB 具有良好的产品一致性,可以采用标准化设计,缩小产品体积,符合小型化、轻量化发展要求,适合批量生产和装配自动化,提高电子产品装配效率。

4. PCB 可以使整块经过装配和调试的电路板作为一个备件,便于电子产品的互换和维修。

2.1.2 PCB 的组成

PCB 就是连接各种实际元器件的一块电路板,主要由覆铜板、焊盘、过孔、安装孔、元器件封装、连线等组成。

1. 覆铜板

覆铜板全称为覆铜箔层压板,是制造 PCB 的主要材料,覆铜板就是把一定厚度的铜箔通过黏结剂经热压贴附在一定厚度的绝缘基板上的板材。绝缘基板的材料不同,其机械强度、耐腐蚀性、耐高温性等特性就不同,可直接影响到覆铜板是否易变形、是否怕潮湿和高温下铜箔是否易脱落等使用效果。常用的覆铜板有以下几种。

（1）酚醛纸基覆铜板

酚醛纸基覆铜板又称为纸铜箔板，它由纸浸以酚醛树脂，两面衬以无碱玻璃布，在一面或两面覆以涂胶的电解铜箔，经热压制成。这种板的常用厚度有 0.8 mm、1.0 mm、1.2 mm、1.6 mm、2.0 mm，铜箔厚度一般为 35 μm。这种板的缺点是阻燃强度低、易吸水、耐高温性差、机械性能差以及高频损耗较大，但价格便宜，一般用于低档民用产品中。

（2）环氧树脂纸基覆铜板

环氧树脂纸基覆铜板与酚醛纸基覆铜板不同的是它所使用的黏合剂为环氧树脂，性能优于酚醛纸基覆铜板。基板厚度为 1.0～6.4 mm，铜箔厚度为 35～70 μm。机械强度、耐高温、耐潮湿性好，板材尺寸稳定性好，适用于中档民用产品中。

（3）环氧树脂玻璃布覆铜板

环氧树脂玻璃布覆铜板是将玻璃丝布浸以双氰胺固化剂的环氧树脂，并覆以涂胶的电解铜箔，经热压而成。基板厚度为 0.2～6.4 mm，铜箔厚度为 25～50 μm。高温条件下机械强度高、受潮时不易变形，高湿条件下电气性能稳定性好，适用于机械、电气及电子等领域。

（4）聚四氟乙烯玻璃布覆铜板

聚四氟乙烯玻璃布覆铜板是用无碱玻璃布浸渍聚四氟乙烯分散乳液，再覆以电解铜箔，经热压而成。基板厚度为 0.25～2.0 mm，铜箔厚度为 35～50 μm。介电常数低、介质损耗小，具有很高的绝缘性能，耐高温、耐腐蚀，适用于高频、航空航天等高端设备中。

（5）挠性覆铜板

挠性覆铜板是一种特殊的印刷电路板。它的特点是重量轻、厚度薄、柔软、可弯曲，主要应用于手机、笔记本电脑、数码相机、液晶显示屏等产品。

常规覆铜板基板厚度一般大于等于 0.8 mm，薄型板厚度一般小于 0.8 mm。常用铜箔的厚度有 18 μm、35 μm、50 μm 和 70 μm 四种，最常用的是 35 μm。铜箔越薄，制作的精度越高，也便于机械加工。但是，随着铜箔厚度的降低，增加了对铜箔质量控制和生产工艺要求。一般双面 PCB 和多层 PCB 的外层电路使用的铜箔厚度为 35 μm，多层板的内部电路使用的铜箔厚度为 18 μm，多层板的电源层电路使用的铜箔厚度为 70 μm。

2. 焊盘

焊盘用于固定元器件引脚或用于引出连线、测试线等，它有圆形、方形等多种形状。焊盘可分为插针式和贴片式两类，其中插针式焊盘需钻孔，而贴片式焊盘不需要钻孔。

3. 过孔

过孔又称为金属化孔，在双面板和多层板中，为连通各层之间的印制导线（铜箔），通常在各层需要连通导线的交汇处钻上一个孔，在孔壁圆柱面上镀上一层金属，用以连通各层之间的印制导线。

4. 安装孔

安装孔主要是用来将电路板固定在底座上，安装孔可以用焊盘来制作。

5. 元器件封装

元器件封装又称为封装，是指实际元器件焊接到电路板上时所需的焊盘和外观形状。同一种元器件可以有不同的封装，不同的元器件可以使用同一个封装。

6. 连线

连线是指有宽度、有形状方向和有位置方向的条,用于完成电气连接,称为印制导线或铜膜导线。

7. 网络和网表

网络是指从一个元器件的某个引脚到其他引脚或其他元器件引脚的电气连接关系。网络描述了电路中元器件之间的电气连接关系。每一个网络都要有唯一的网络名称,称作网表,又称为网络表。

8. 电路板的边界

电路板的边界指的是定义在机械层和禁止布线层上的电路板外形尺寸,也是 PCB 制作厂家最终生产出来的电路板外形尺寸。

2.1.3 PCB 的分类

PCB 的种类很多,一般可按 PCB 的结构和机械特性划分。按结构可以分为单面 PCB、双面 PCB 和多层 PCB;按机械特性可以分为刚性板和柔性板。无论哪一种 PCB,其结构都包括 3 个方面:绝缘层(基板)、导体层(电路图形,包括连线和有助焊层的焊盘)和保护层(阻焊层)。

1. 单面 PCB

单面 PCB 是指绝缘基板上只有一面覆铜的电路板。单面 PCB 只能在覆铜的这一面布线,电源层和信号层只能在这一层,元器件放置在另一面,因只有覆铜的这一面可以布线,所以布线必须绕开,不能出现交叉,适用于一些布线较少的简单电路。如图 2.1 所示为单面 PCB。

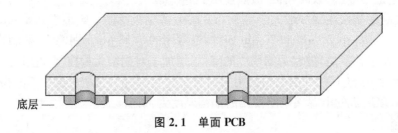

底层 —

图 2.1 单面 PCB

2. 双面 PCB

双面 PCB 是在绝缘基板的顶层和底层两面都有覆铜,两面均可以布线,一般需要由过孔来连通,元器件一般放置在顶层,在 PCB 大小相同条件下布线面积比单面 PCB 大一倍。双面板的电路一般比单面板的电路复杂,但布线比较容易,是现在被广泛采用较常见的一种 PCB。它适用于电气性能比较高的通信设备和电子仪器产品。如图 2.2 所示为双面 PCB。

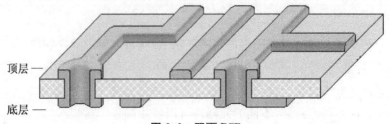

顶层 —

底层 —

图 2.2 双面 PCB

3. 多层 PCB

多层 PCB 是指除电路板上下层面有印刷电路外,中间夹层也有多层覆铜电路。多层 PCB 中间层为电源层、接地层及多个中间信号层。为了连通上下层以及多个中间夹层,多层 PCB 需要过孔来连接。随着电子技术的发展,电路的集成度和引脚数越来越多,多层 PCB 的应用会越来越多。如图 2.3 所示为多层 PCB。

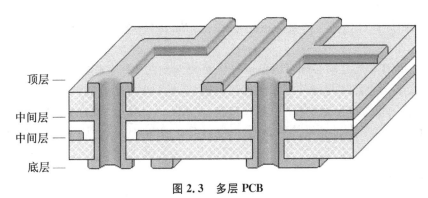

顶层 —
中间层 —
中间层 —
底层 —

图 2.3　多层 PCB

4. 软 PCB

软 PCB 的基材是软的层状塑料或其他质软膜性材料,如聚酯或聚亚胺的绝缘材料,其厚度为 0.25~1.0mm。它也有单层、双层和多层之分,它可以端接、排接到任意规定位置,如在手机的翻盖和机体之间实现电气连接,被广泛应用于计算机、通信等电子产品上。

5. 平面 PCB

将 PCB 的印制导线嵌入绝缘基板,使导线与基板表面平齐,就构成了平面 PCB。在平面 PCB 的导线上都镀有一层耐磨的金属,常用于转换开关、计算机键盘等。

2.1.4　PCB 的设计基础

PCB 的设计是设计人员将电路原理图转换成 PCB 的过程。PCB 的设计通常有两种方法,一种是人工设计,另一种是计算机辅助设计。无论采用哪种设计方法,都必须符合电气原理图的电气连接和性能要求。对于简单的电路可以采用人工设计方法,而对于复杂的电路基本上都采用计算机辅助设计。

PCB 电路设计就是根据电子产品的原理图和元器件的外形尺寸,将电子元器件合理地进行排列和进行电气连接。在进行 PCB 设计时要考虑电路的复杂程度、元器件的外形和重量、工作电流大小、电压高低,以便选择合适的 PCB 类型,在进行印制导线的连线时还要考虑电路的工作频率,尽量减少导线间的分布参数。

1. PCB 的设计内容

PCB 的设计包括前期准备、PCB 结构设计、PCB 布局设计和 DRC(Design Rule Check)检查等环节。

（1）前期准备

前期准备包括原理图绘制、原理图元器件库准备等。原理图绘制前要确定好图纸的尺寸和图纸数量,然后确定原理图中所使用的元器件型号、市场有无所需元器件、电路的具体形式等,最后开始原理图的绘制和检查,在绘制原理图时还要检查所使用元器件的电路符号是否存在,如果不存在要建立原理图元器件库,并自行绘制这些不存在的元器件符号。

（2）PCB结构设计

PCB结构设计是指确定PCB的尺寸、形状和材料,确定元器件的外形尺寸、封装和安装方式。

（3）PCB的布局设计

PCB的布局设计包括整体布局、元器件位置布局、印制导线的布设等。

① 整体布局

在进行PCB布局之前必须对电路原理图有较深刻的理解,才能做到正确和合理的布局。首先,要避免各级电路和元器件之间的相互干扰,这些干扰包括电场干扰、磁场干扰、高低频间的干扰、高低压间的干扰以及热干扰等。其次,要满足设计指标、符合生产的装配工艺要求,还要考虑电路调试和后期维护维修的方便。最后,要考虑电路中所使用的元器件的物理特性（如外形、高度和宽度等）、排列疏密和美观、重量以及整板的重心等。

② 元器件位置布局

a. 按电气性能合理分区,一般分为数字电路区（即怕干扰,又怕被干扰）、模拟电路区（怕干扰）、功率驱动区（干扰源）。

b. 板面上的元器件在布置位置时,电路原理图中同一模块电路中元器件要放在同一区域,按原理图的顺序尽量成直线排列,并力求紧凑和密集,可以缩短引线和减小分布电容。

c. 注意元器件的电磁干扰,元器件放置位置应与相邻导线交叉,电感器的线圈应垂直于板面,这样可使电磁干扰最小。

c. 大而重的元器件要放置在电路板上靠近固定端的位置,可以提高整个电路板的机械强度和耐冲击能力,减小电路板的负荷和变形。

d. 发热较大的元器件应放置在利于散热的位置,并减少对邻近元器件的影响,为提高散热能力,必要时还应考虑热对流措施,为元器件加装散热片。

e. I/O驱动器应尽量靠近PCB的边缘,方便引出接插件。

f. 时钟产生电路（如晶振）要尽量靠近使用该时钟的器件。

g. 在每个集成电路的电源输入脚和地之间,需加一个去耦电容（一般采用高频性能好的独石电容）;电路板空间较密时,也可在几个集成电路周围加一个钽电容。

h. 继电器周围要加放二极管（IN4148即可）。

i. 布局要注意均衡,疏密有序,不能头重脚轻一头沉。在放置元器件时,一定要考虑元器件的实际外形尺寸（体积和高度）、元器件间的相对位置,以保证PCB的电气性能和生产安装的可行性和便利性,在遵循以上原则的基础上,适当修改元器件的位置,使之整齐美观,如:同样的元器件要放置整齐、方向一致,不能放置得参差不齐,从而影响整体美观和下一步布线的难易程度。

③ 印制导线的布设

a. 地线布设

一般将公共地线布置在电路板的边缘,电路板的边缘应留有一定的距离（不小于电路板厚度）,这样方便与机架（地）相连,也可以提高电路的绝缘性能。由于地线电阻的存在,两个接地点之间存在电位差,使得地线的电流环干扰。所以,在条件允许情况下增加地线的宽度、面积,以减少地线电阻。

　　为防止各级电路局部电流产生的地阻抗干扰,最好采用一点接地。图 2.4(a)所示为在电路各级间分别采取一点接地的原理示意图。但在实际布线时并不一定能绝对做到,而是尽量使它们安排在一个公共区域之内,如图 2.4(b)所示。

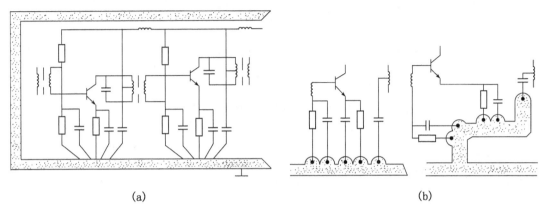

(a)　　　　　　　　　　　　　　　　　(b)

图 2.4　PCB 地线的布设

　　当电路工作频率在 30 MHz 以上或有工作高速的数字电路时,为了减少接地阻抗,常采用覆铜(接地)方法,这时各级电路内部的元器件接地也是采用一点接地法,即在一个小的区域内接地,如图 2.5 所示。

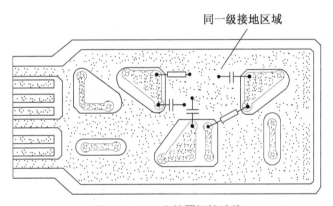

图 2.5　PCB 上的覆铜接地线

　　在模数混合电路中,应分别将模拟、数字地线分开布设,不能混合共用,模、数地线分开布设后,再将模、数地部分的接地通过点对点单线就近连接。

　　b. 输入输出端导线布设

　　在布线时要按照信号的流动顺序进行,这样可以减小导线间的寄生耦合,电路的输入端和输出端应尽可能远离,以免产生反射干扰。必要时应加地线隔离。在图 2.6(a)所示的电路中,由于输入端和输出端靠得太近,且输出导线过长,将会产生寄生耦合。如图 2.6(b)所示的布局就比较合理。

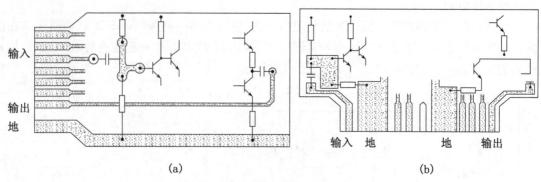

图 2.6　输入端和输出端导线的布设

c. 高频电路导线的布设

高频电路中导线、晶体管各电极引线、输入和输出线要短而直，线间距小时要避免相互平行。将交叉线放置在电路板的两面，为避免相互平行，最好采用垂直相交或斜交。如图 2.7 所示。

④ 印制导线

设计 PCB 时，当元器件的布局和布线方案初步确定

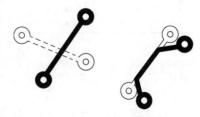

图 2.7　双面 PCB 高频导线的布设

后，就要具体设计印制导线。这时印制导线宽度、导线间距离以及导线形状等不能随意选择，因为这关系到电路板的性能和总尺寸。

a. 印制导线的宽度

印制导线宽度主要由流过它的电流值决定，一般情况下，印制导线宽度应尽可能的宽一些，这有利于 PCB 的制作和承受较大电流。印制导线越宽，覆铜板的铜箔越厚，允许流过的电流越大。电源导线和接地导线因电流较大，设计时要适当加宽，电源线和地线一般为 1.2 mm～2.5 mm。器件密度不大时，印制导线的宽度最好不要小于 0.5 mm，手工制板不小于 0.8 mm。根据电流大小选取印制导线宽度时，可参考表 2.1 中所示的 PCB 中印制导线宽度与电流关系。

表 2.1　印制导线宽度与电流关系

线宽(mm)	电流(A)		
	铜箔厚度 35 μm	铜箔厚度 50 μm	铜箔厚度 70 μm
0.1	0.20	0.50	0.70
0.2	0.55	0.70	0.90
0.3	0.80	1.10	1.30
0.4	1.10	1.35	1.70
0.5	1.35	1.70	2.00
1.0	2.30	2.60	3.20
1.5	3.20	3.50	4.20
2.0	4.00	4.30	5.10
2.5	4.50	5.10	6.00

b. 印制导线间距

印制导线间距由它们之间的安全工作电压决定。相邻导线之间的峰值电压、基板的质量、表面涂覆层、电容耦合参数等都会影响印制导线间的安全工作电压。目前工厂加工的最小线宽为 5 mil(0.127 mm)，最小导线间距为 5 mil(0.127 mm)。一般情况下，尽可能采用较大的线宽与线距，印制导线间距可等于其宽度。数字电路系统中的工作电压不高，不必考虑击穿电压，线距只要在制作工艺允许范围内即可。工作电压较大时，应考虑布线线距，两者关系可参考表 2.2。

表 2.2　布线线距最大允许工作电压

布线线距(mm)	0.50	1.00	1.50	2.00	3.00
工作电压(V)	100	200	300	500	700

c. 印制导线的形状

印制导线的形状除要考虑机械、电气因素外，还要考虑导线图形的美观，所以在设计印制导线图形时，应遵循图 2.8 所示的原则。

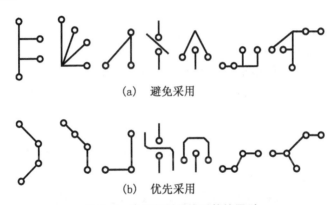

(a)　避免采用

(b)　优先采用

图 2.8　选用印制导线形状的原则

⑤ 安装孔

安装孔用于大型元器件和 PCB 的固定，位置应便于装配，且不应与 PCB 的任何布线相连。

(4) DRC 检查

在确定电路原理图设计无误的前题下，对 PCB 设计进行 DRC 检查，并根据检查结果文件对 PCB 设计进行修正，以保证 PCB 布线的电气性能。

2. PCB 的设计过程

(1) 电路原理图绘制

要将电子系统绘制成清晰、简洁、正确的电路原理图，需根据设计需要选择合适的元器件，并把所选元器件和相互之间的连接关系明确表达出来，这就是原理图绘制过程。绘制原理图时需注意：应该保证电路原理图的电气连接正确，信号流向清晰；其次应该使元器件的整体布局合理、美观、精简。

(2) PCB 的材料、厚度和尺寸大小

PCB 的材料选择必须考虑电气和机械特性，同时还要考虑价格和制作成本，从而进行

PCB的基材选择。电气特性是指基材的绝缘电阻、抗电弧性、印制导线电阻、击穿强度、抗剪强度和硬度。

PCB的厚度确定要从结构角度来考虑,主要考虑电路板上装有的所有元器件重量的承受能力和使用中承受的机械负荷能力。如果只在PCB上装配集成电路、小功率晶体管、电阻和电容等小功率器件,在没有较强负荷振动条件下,使用厚度为1.5 mm(尺寸大小在500 mm×500 mm之内)的PCB即可。如果板面较大或支撑强度不够,应选择2~2.5 mm厚的板。PCB的厚度已标准化,其尺寸为1.0 mm、1.5 mm、2.0 mm、2.5 mm几种,最常用的是1.5 mm和2.0 mm。为了减轻重量和降低成本,对于一些尺寸较小的产品,如计算器、电子表等,可选用1.0 mm板。多层板的厚度主要是根据电路的电气性能和结构来确定。

PCB的尺寸大小与PCB的加工和装配有密切关系,从装配工艺的角度考虑,有以下两方面:一是便于自动组装,使设备的性能得到充分利用,能使用通用化、标准化的工具和夹具;二是便于将PCB组装成不同规格的产品,安装方便,固定可靠。PCB的尺寸大小应尽量靠近标准系列尺寸,以便简化工艺,降低加工成本。PCB的外形应尽量简单,一般为长方形,应尽量避免采用异形板。

(3) PCB的绘制

PCB的绘制就是对PCB进行布局和导线绘制,首先对PCB板面以及元器件具体位置进行布局,然后再对元器件进行布线。

布线是整个PCB设计中最重要的工序,它将直接影响着PCB的性能好坏。在PCB设计过程中,布线一般有三种划分:首先是布通,这是PCB设计时的最基本要求。如果线路没有布通,到处都是飞线,那将是一块不合格的板子。其次是电气性能的满足,这是衡量一块PCB是否合格的标准。在布通后,认真调整布线,使其达到最佳的电气性能。最后是美观,如果布完线后一眼看过去是杂乱无章的,电气性能再怎么好,在别人眼里仍然是一块不合格的PCB。

布线时主要按以下原则进行:

a. 在一块PCB中有三种导线,信号线、电源线和地线。一般情况下,要先对电源线和地线进行布线,以保证电路的电气性能。在条件允许的范围内,尽量加宽电源线、地线的宽度,最好是地线比电源线宽。这三种线的宽度关系是:地线>电源线>信号线。对数字电路的PCB可用宽的地导线组成一个回路,即构成一个地网来使用(模拟电路的地则不能这样使用)。

b. 两相邻层的布线要互相垂直,平行容易产生寄生耦合。

c. 振荡器外壳接地,时钟线要尽量短,且不能引得到处都是。时钟振荡电路下面,特殊高速逻辑电路部分要加大地的面积,而不应该走其他信号线,以使周围电场趋于零。

d. 任何信号线都不要形成环路,如不可避免,环路应尽量小,信号线的过孔要尽量少。

e. 关键的线尽量短而粗,并在两边加上接地保护。

f. 关键信号应预留测试点,以方便生产和维修检测用。

g. 原理图布线完成后,应对布线进行优化,同时,经初步网络检查和DRC检查无误后,对未布线区域进行地线填充,用大面积铜层作地线,在PCB上把没被用上的地方都与地相连作为地线。或做成多面板,电源、地线各占一层。

2.2 Altium Designer 基础

2.2.1 Altium Designer 概述

1. 计算机辅助设计技术

随着现代电子工业的高速发展以及大规模集成电路的开发应用,PCB 的要求越来越高,设计周期越来越短,同时,随着集成电路技术及电路组装工艺的飞速发展,PCB 上的组件密度越来越大,传统手工设计和制作方法已不能适应电子系统制造及发展需要。因此,计算机辅助设计(Computer Aided Design,简称 CAD)已广泛应用于电路设计与系统集成等设计中。

采用 CAD 方法设计 PCB 改变了以手工操作和电路实验为基础的传统设计方法,避免了传统手工的缺点,精简了工艺标准检查,缩短了设计周期,提高了劳动生产率,很大程度地改变了产品质量。CAD 已成为现代电子系统设计的关键技术之一,是电子行业必不可少的工具和手段。

目前用于 PCB 设计的 CAD 软件很多,例如:Altium 公司的 Protel 与 Altium Designer、Cadence 公司的 OrCad 与 Allegro,其中目前使用最为广泛的是 Altium 公司的 Altium Designer 系列软件。

2. Altium Designer 软件介绍

1987 年,由美国的 ACCEL Technologies INC 公司推出第一个应用于电子线路设计的软件 TANGO,这个软件开创了电子设计自动化(EDA)的先河。

1987 年,Protel Technology 公司以其强大的研发能力推出了 Protel For DOS 作为 TANGO 的升级版本,从此 Protel 成为最流行的电子设计软件,是 PCB 设计的首选。

20 世纪 90 年代中期,Windows95 操作系统开始普及,Protel 也紧跟潮流,推出了基于 Windows95 的 1.X 和 3.X 版本,这些版本的可视化功能给设计电子线路带来了很大的方便。使得设计者不用再去记一些繁琐的操作命令,大大提高了设计效率,缩短了电子产品的设计周期,推动了电子工业的发展。

1998 年,Protel 公司推出了给人全新感觉的 Protel 98。Protel 98 是一个 EDA 工具,32 位包含 5 个核心模块,以其出众的自动布线功能获得了业内人士的一致好评。

1999 年,Protel 公司推出了新一代电子线路设计系统 Protel 99。其既有原理图的逻辑功能验证的混合信号仿真,又有 PCB 信号完整性分析的板级仿真,构成从电路设计到真实板分析的完整体系。

2001 年 8 月 6 日,为了更好的反映 Protel Technology 公司在嵌入式、FPGA 设计、EDA 领域拥有多个品牌的市场地位,Protel Technology 公司正式更名为 Altium 公司。

2002 年,Altium 公司重新设计了浏览器(DXP)平台,并发布第一个在新 DXP 平台上使用的产品 Protel DXP,Protel DXP 提供了一个全新的设计平台,并为广大的电子设计者所接受,直到今天 Protel DXP 还具有很大的使用群体。

2005 年底,Altium 公司发布了最新版本 Altium Designer 6.0,Altium Designer 6.0 是业界首例将设计流程、集成化 PCB 设计、可编程器件(如 FPGA)设计和基于处理器设计的嵌入式软件开发功能整合在一起的产品,是一体化电子设计解决方案 Altium Designer 的全新版本。

2006 年,Altium 公司发布了 Altium Designer 6.3 版。

2008 年夏季,Altium 公司发布了 Altium Designer Summer 08 版。

2009 年冬季,Altium 公司发布了 Altium Designer Winter 09 版。

2010 年夏季,Altium 公司发布了 Altium Designer 10 版(本书所使用的版本)。

2011 年,Altium 公司发布了 Altium Designer 11 版。

2012 年,Altium 公司发布了 Altium Designer 12 版。

这些较新的 Altium Designer 版本除了全面继承包括 Protel 99、Protel 2004 在内的先前一系列版本的功能和优点以外,还增加了许多改进和高端功能。Altium Designer 系列软件拓宽了板级设计的传统界限,全面集成了 FPGA 设计功能和 SOPC 设计实现功能,从而允许工程师能将系统设计中的 FPGA 与 PCB 设计集成在一起。

2.2.2　Altium Designer 10 的设计环境

Altium Designer 10 是基于 Windows 平台的 Protel 系列软件产品,它提供了一个赏心悦目的操作环境,能够面向 PCB 设计项目,为用户提供板级设计的全线解决方案,多方位实现设计任务,是一款具有真正的多重捕获、多重分析和多重执行设计环境的 EDA 软件。

启动 Altium Designer 10 后,系统将进入 Altium Designer 10 的集成开发环境,如图 2.9 所示。用户可以使用该页面进行项目文件的操作,如创建新项目、打开文件、进行配置等。整个开发环境包括系统菜单栏、系统工具栏、工作区面板、系统工作区、状态栏及导航栏等。

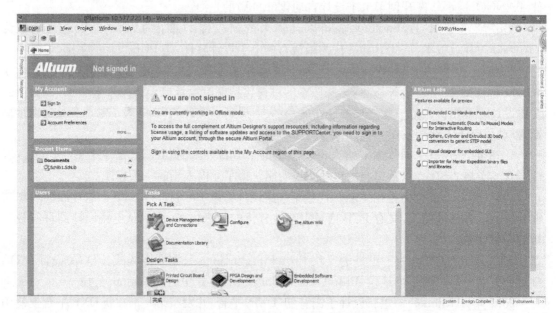

图 2.9　Altium Designer 10 集成开发环境

1. 系统菜单栏

系统菜单栏包括 DXP(系统)菜单、File(文件)菜单、View(视图)菜单、Project(项目)菜单、Windows(窗口)菜单与 Help(帮助)菜单 6 个菜单。在菜单命令中,凡是带有下划线标记的,表示该菜单还有下一级子菜单。

(1) DXP(系统)菜单,主要用于资源用户化、系统参数设置、许可证管理等操作。

(2) File(文件)菜单,主要用于各种文件的新建打开和保存等操作。

(3) View(视图)菜单,主要用于控制工作界面中系统工具栏、工作区面板、导航栏及状态栏等操作。

(4) Project(项目)菜单,主要用于项目文件的管理,包括项目文件的编译、添加、删除、显示项目文件差异和版本控制等操作。

(5) Windows(窗口)菜单,用于多个窗口排列(水平、垂直、新建)、打开、隐藏及关闭等操作。

(6) Help(帮助)菜单,用于相关操作的帮助、序列号的查看等操作。

2. 系统工具栏

系统工具栏如图 2.10 所示。

系统工具栏由 4 个快捷工具按钮组成,可完成打开文件、打开文件夹、打开设备浏览器窗口等功能,打开新的编辑器后,系统工具栏所包含的快捷工具按钮会增加。

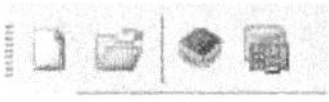

图 2.10　系统工具栏

3. 工作区面板

工作区面板是 Altium Designer 软件的主要部分,使用它能提高设计效率和速度。包括 Designer Compiler、Help、Instrument、System、VHDL 五大类型,其中每一种类型又具体包含了多种管理面板。

(1) 面板的访问

软件初次启动后,一些面板已经打开,如 File、Project 和 Navigator 控制面板,它们以面板组合的形式出现在应用窗口的左边,Clipboard、Favorites 和 Libraries 控制面板以弹出方式和按钮方式出现在应用窗口的右边缘处。另外,在应用窗口的右下端有 5 个按钮为 System、Design Compiler、Help、Instruments、VHDL,分别代表五大类型,单击每个按钮,弹出的菜单中显示各种面板的名称,从而可以选择访问各种面板。如图 2.9 所示。除了直接在应用窗口中选择相应的面板,还可以通过单击菜单"View"→"Workspace Panels"中选择相应的面板,如图 2.11 所示。

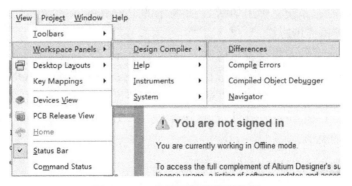

图 2.11　工作区面板的菜单选项

（2）面板的管理

面板的显示模式有三种，分别是 Docked Mode、Pop-out Mode、Floating Mode。Docked Mode 指的是面板以纵向或横向的方式停靠在设计窗口的一侧。Pop-out Mode 指的是面板以弹出/隐藏的方式出现于设计窗口，当单击位于设计窗口边缘的按钮时，隐藏的面板弹出，当鼠标光标移开后，弹出的面板窗口隐藏，如图 2.12 所示。这两种不同的面板显示模式可以通过面板上的以下两个按钮互相切换。

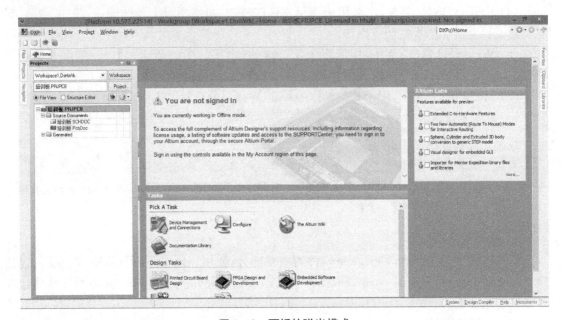

图 2.12　面板的弹出模式

4. 系统工作区

系统工作区位于 Altium Designer 10 界面的中间，是用户编辑各种文档的区域。在无编辑对象打开的情况下，工作区将自动显示为系统默认的主页，主页内列出了常用的任务命令，单击即可快捷启动相应的工具模块。

5. Altium Designer 10 软件系统参数设置

Altium Designer 10 软件系统参数是通过软件菜单"DXP"→"Preferences"命令设置，选择"Preferences"命令后，系统将弹出如图 2.13 所示的 Preferences 系统参数设置对话框。

（1）中英文编辑环境转换

在 Preferences 系统参数设置对话框中选择"System"→"General"项，在"Localization"区域，选中"Use localized resources"复选框，在系统弹出的提示框点击"OK"，如图 2.14 所示。在"System-General"设置界面中点击"Apply"按钮，使设置生效，再点击"OK"按钮，退出设置界面，关闭 Altium Designer 10 软件，再重新打开后中文菜单将生效。由中文菜单转换为英文菜单的过程和上面类似。

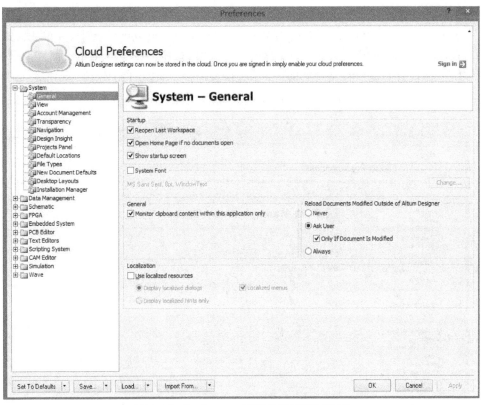

图 2.13　Preferences 系统参数设置对话框

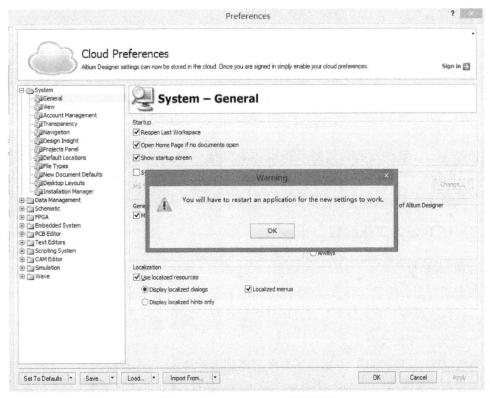

图 2.14　System-General 设置界面

（2）系统备份设置

在 Preferences 系统参数设置对话框中选择"Data Management"→"Backup"项，如图 2.15 所示。Auto Save 区域用来设置自动保存的一些参数，选中"Auto save every"复选框，可以在时间编辑框内设置自动保存文件的时间间隔，最长时间间隔为 120 分钟，Number of versions to keeps 栏可用来设置自动保存文档的版本数，最多可设置 10 个版本。

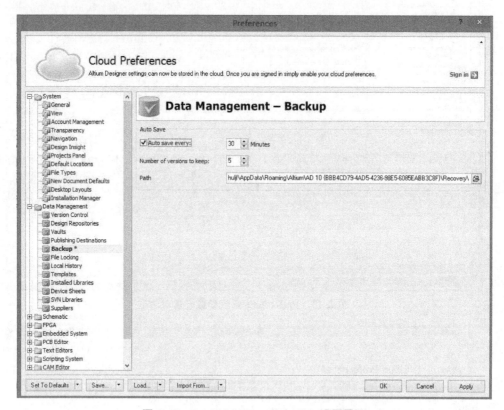

图 2.15　Data Management-Backup 设置界面

（3）其他选项

Preferences 系统参数设置对话框中还有其他一些选项，例如，View 选项可用于设置 Altium Designer 10 的桌面显示参数；Transparency 选项可用于设置 Altium Designer 10 的浮动窗口透明程度；Projects Panel 选项可用于设置 Altium Designer 10 的项目面板操作等。

2.2.3　PCB 设计工作流程

1. 方案分析

决定原理图如何设计，同时也影响到 PCB 板的规划。根据设计要求进行方案比较、选择和元器件的选择等。方案分析是开发项目中最重要的环节之一。

2. 设计原理图元件

尽管 Altium Designer 10 提供了丰富的原理图元件库，但不可能包括所有的元件。当在器件库中找不到需要的元件时，需要设计原理图库文件，建立自己的元件库。

3. 绘制原理图

找到所有的原理图元件后,开始绘制原理图。根据电路复杂程度决定是否需要使用层次原理图。完成原理图后,使用 ERC 工具检查,如果有错,找出错误原因,对原理图进行修改,重新进行 ERC 检查,直到没有原则性错误为止。

4. 设计元器件封装

和原理图库类似,Altium Designer 10 不可能提供所有的元器件封装,根据需要进行元器件封装库设计。

5. 设计 PCB

在画好电路原理图,并确认电路原理图没有错误后,开始 PCB 设计。首先绘制 PCB 的外形轮廓,再将电路原理图传输到 PCB 中,根据原理图中的电路功能、网络表和设计规则对器件进行布局和布线,并对设计好的 PCB 进行 ERC 检查。PCB 设计是电路设计中的另一个重要环节,需要考虑的因素很多,它决定了电路的实用性能。

6. 文档整理

对电路原理图、PCB 及器件清单等文件进行保存,以方便今后的维护和修改。

2.3　原理图设计

电路图是人们为了研究和工程需要,用约定的符号绘制的一种表示电路结构的图形。电路图分为电路原理图(或原理图)和 PCB 图等形式。在整个电路设计过程中,电路原理图的设计是最重要的一项工作,它决定了后续工作的开展。

2.3.1　原理图的设计步骤

一般情况下,设计一个原理图的工作包括设置原理图的图纸大小、规划原理图的总体布局、在图纸上放置元器件、进行布线,然后对各元器件和布线进行调整,最后保存和打印输出。绘制原理图有两个原则,首先应该保证整个原理图的连线正确、信号流向清晰、便于阅读和修改;其次应该做到元器件的整体布局合理、美观和实用。原理图的设计过程一般按以下流程进行:

1. 启动原理图编辑器

首次启动 Altium Designer 10 系统,首先进入的是系统主界面,必须启动原理图编辑器才能开始原理图的设计工作。可通过新建或打开一个原理图文件来启动原理图编辑器。

2. 设置原理图

绘制原理图前,必须根据实际电路的复杂程度来设置图纸的大小。设置图纸是一个建立工作平面的过程,用户可以设置图纸的大小、方向、网络大小以及标题栏等。

3. 放置元器件

在原理图中放置元器件时,必须将该元器件所在的集成元器件库装载到当前的原理图编辑器窗口里,再根据实际电路,从元器件库中找到所需要的元器件放置到原理图编辑器窗口里,然后根据元器件之间的连接关系,将元器件在工作平面上的位置进行调整和修改,并对元器件的编号、封装进行定义和设置,为下一步处理打好基础。

4. 原理图布线

原理图布线就是利用原理图编辑器提供的各种布线工具或命令将所有元器件对应引脚用具有电气意义的导线或网络标号等连接起来,从而构成一个完整的原理图。

5. 原理图的检查及调整

可利用 Altium Designer 10 所提供的各种强大功能对所绘制的原理图进行进一步的调整和修改,以保证原理图的美观和正确性。这就需要对元器件位置进行重新调整,删除或移动导线的位置,更改图形尺寸、属性及排列等。另外,还可以利用编辑器提供的绘图工具在原理图中绘制一些不具有电气意义的图形或文字说明等,以进一步补充和完善所设计的原理图。

6. 生成报表

使用各种报表工具生成包含原理图文件信息的报表文件,这些报表文件中含有原理图设计的各种信息,它们对后续的 PCB 设计具有重要的作用。其中,最重要的是网络表文件,它是原理图和 PCB 之间的重要纽带。

2.3.2 原理图编辑器

在 Altium Designer 10 进行原理图设计时,首先要新建一个文件夹,用于保存工程建立过程中所产生的各种文件,然后为原理图设计创建一个 PCB 工程,通过点击"File"→"New"→"Project"→"PCB Project"菜单,新建一个 PCB 工程,并将 PCB 工程保存到新建的文件夹中,PCB 工程文件的后缀名为". PrjPcb"。

在创建一个原理图文件时,Altium Designer 10 的原理图编辑器就启动了,Altium Designer 10 的原理图编辑器由主菜单栏、工具栏、工作区、面板标签、状态栏等组成,如图 2.16 所示。

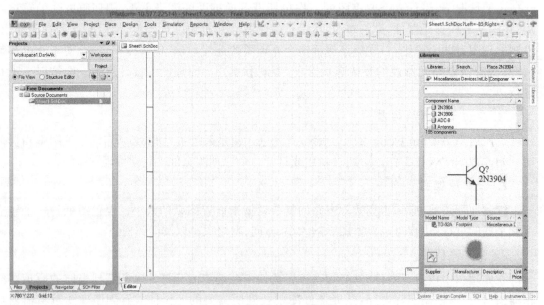

图 2.16　原理图编辑器

1．主菜单栏

主菜单栏包含 DXP、File、Edit、View、Project、Place、Design、Tools、Reports、Window 和 Help 等 12 个菜单。在原理图编辑环境中，主菜单栏如图 2.17 所示。主要功能是进行各种命令操作、设置视图显示方式、放置对象、设置各种参数以及打开帮助等。

图 2.17　原理图编辑器中的主菜单栏

2．标准工具栏

标准工具栏可以完成对文件的操作，如打印、复制、粘贴、查找等。与其他 Windows 操作软件一样，使用该工具栏对文件进行操作时，只需选择对应操作的图标单击即可，标准工具栏如图 2.18 所示。如果要打开或关闭标准工具栏，在"View→Toolbars"菜单中点击"Schematic Standard"项进行操作。

图 2.18　标准工具栏

3．配线工具栏

配线工具栏主要完成在原理图中放置元器件、电源、地、端口、图纸符号、网络标号等操作。同时给出了元器件之间的连线、总线绘制的工具按钮。配线工具栏如图 2.19 所示。如果要打开或关闭配线工具栏，在"View"→"Toolbars"菜单中点击"Wiring"项进行操作。

图 2.19　配线工具栏

4．实用工具栏

实用工具栏包括了 6 个高效的工具箱，即实用工具箱、排列工具箱、电源工具箱、数字器件工具箱、仿真源工具箱、栅格工具箱。实用工具栏如图 2.20 所示。如果要打开或关闭配线工具栏，在 View→Toolbars 菜单中点击"Utilities"项进行操作。六个工具箱的作用如下：

图 2.20　实用工具栏

（1）实用工具箱：用于绘制原理图中所需要的标注信息，不代表任何电气关系。

（2）排列工具箱：用于对原理图中元器件位置进行排列和调整。

（3）电源工具箱：给出了原理图绘制中可能用到的各种电源。

（4）数字器件工具箱：给出了一些常用的数字器件，如与门、或门等。

（5）仿真源工具箱：给出了仿真过程中需要用到的仿真激励源。

（6）栅格工具箱：用于完成对栅格的操作。

5. 工作区

在工作区中，可对新设计的电路原理图进行绘制，并完成电路原理图中元器件放置、元器件间的电气连接等工作。也可对原有的电路原理图进行编辑和修改。该工作区是由一些网格组成，这些网格有助于元器件放置时的定位。按住"Ctrl"键，并滑动鼠标滚轮可对工作区进行放大或缩小，以方便电路原理图的绘制。

6. 面板标签

面板标签用来开启或关闭原理图编辑环境中的各种常用工作面板，如 Libraries 面板、Filter 面板、Inspector 面板、List 面板以及图纸框等。面板标签位于原理图编辑器左右两个侧面。面板控制中心可用来对面板标签中的面板进行显示和隐藏，面板控制中心如图 2.21 所示。

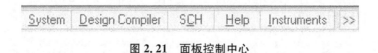

图 2.21　面板控制中心

7. 状态栏

显示当前光标的坐标和编辑器窗口栅格大小。

2.3.3　原理图设置

1. 原理图纸的设置

为了更好的完成电路原理图的绘制，要对原理图纸进行相应的设置，包括图纸参数设置和图纸信息设置。在 Design 菜单中点击"Document Options…"项进入"Document Options"对话框，该对话框有 3 个选项卡，即"Sheet Options""Parameters"和"Units"，如图 2.22 所示。其中"Sheet Options"选项卡可以设置图纸大小、方向、颜色和标题栏等参数。

（1）图纸规格设置

图纸规格设置有"Standard Style"和"Custom Style"两种方式。"Standard Style"方式中图纸可设置为公制图纸尺寸（A0～A4）、英制尺寸（A～E）、OrCAD 尺寸（OrCAD A～OrCAD E）或一些其他尺寸（Letter、Legal、Tabloid）等。

"Custom Style"方式可通过勾选"Use Custom Style"设置自定义的图纸尺寸。

（2）图纸选项设置

"Options"选项可设置图纸方向、颜色、标题栏和边框显示等参数。在"Orientation"下拉列表框内可以设置图纸的方向，"Landscape"表示图纸为水平放置，"Portait"表示图纸为垂直放置。

"Title Block"选项可设置"Standard"和"ANSI（美国国家标准协会）"两种图纸标题栏方式。图纸边框设置有两项，"Show Reference Zones"和"Show Border"复选框为设置是否显示图纸参考边和边界，复选框选中为显示。"Show Template Graphics"复选框可设置是否显示模板上的图形和文字。

图纸颜色可由"Border Color"和"Sheet Color"两项确定，"Border Color"选项用来设置图

纸边框的颜色，"Sheet Color"选项用来设置图纸的底色，要变更颜色时可用鼠标在颜色框内点击，根据出现的颜色对话框来选取新的颜色。

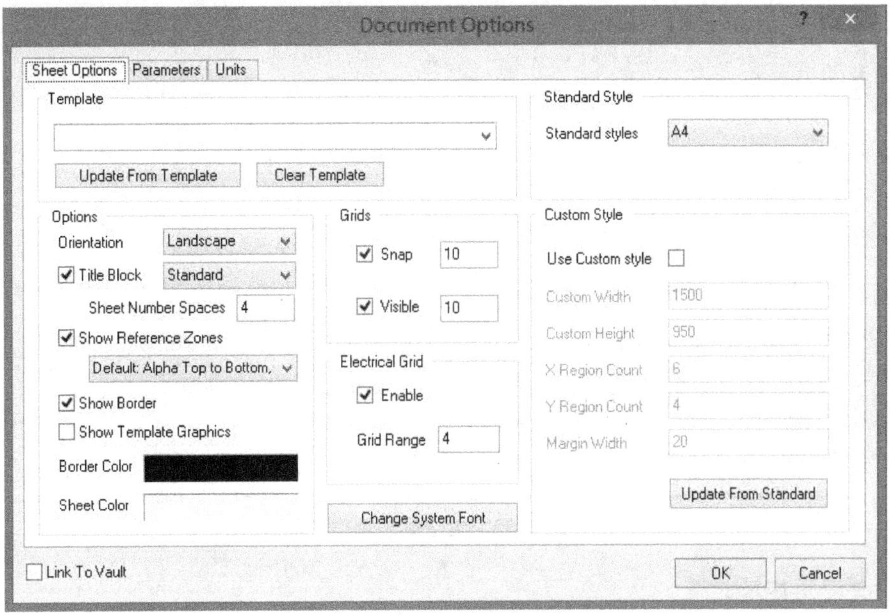

图 2.22　Document Options 对话框

（3）栅格设置

栅格可以方便元器件的放置和线路连接，简化元器件的排列和布线整齐化，极大提高设计速度和编辑效率。栅格设置分为图纸栅格和电气栅格，"Grids"选项可设置图纸栅格，包括"Snap"和"Visible"两个复选框。选中"Snap"复选框时，光标的移动以"Snap"后的数字为单位进行移动，否则是连续移动。"Visible"复选框选中后将显示栅格，"Visible"后的数字用来设置可视化栅格尺寸。"Electrical Grid"选项可设置电气栅格，选中"Enable"复选框时，系统将自动以光标所在位置为中心，向四周搜索电气节点，搜索半径为"Grid Range"文本框中的设定值。

（4）字体设置

在 Altium Designer 10 中，图纸上常常要放置字符或汉字文本，系统可为这些文本设置字体。系统字体设置可通过单击"Change System Font"按钮弹出的对话框来进行，如果不进行设置就使用系统默认的字体

（5）图纸信息设置

图纸的信息记录了电路原理图的信息和更新记录，这些信息可方便地对电路图纸进行管理。"Parameters"选项卡可设置图纸信息，如图 2.23 所示。

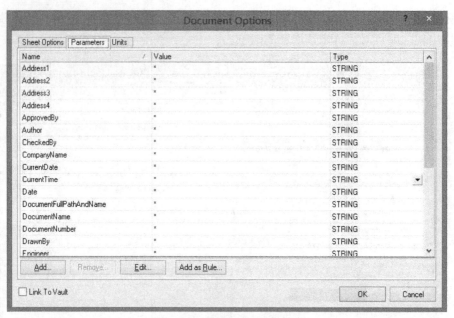

图 2.23　图纸信息管理页面

2. 原理图环境设置

通过"Tools"→"Schematic Preferences…"菜单,打开原理图环境参数设置对话框,如图 2.24 所示。对话框中"Schematic"选项中共有 9 个选项卡,可分别设置原理图环境、图形编辑环境以及默认基本单元等。

图 2.24　原理图环境参数设置对话框

2.3.4　原理图元器件库加载

元器件库是进行电路设计的基础,在原理图上放置元器件前,必须加载该元器件所在的元器件库。

1. 打开元器件库浏览器

在原理图设计环境中,通过"Design"→"Browse Library…"菜单或单击右上方侧面面板标签"Libraries",可弹出元器件库浏览器,如图 2.25 所示。

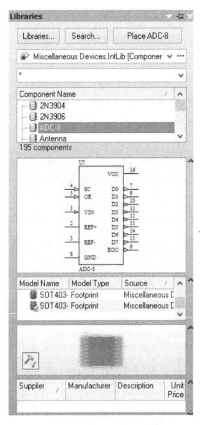

图 2.25　元器件库浏览器

2. 加载或删除元器件库

Altium Designer 10 安装成功后默认已加载好两个常用集成库,即分立元器件库 Miscellaneous Devices. IntLib 和接插件库 Miscellaneous Connectors. IntLib,一般常用的分立元器件和接插件都可以在这两个库中找到。如果绘制原理图时,用到的很多元器件都不在这两个元器件库中,这时就需要把这些元器件所在的元器件库加载进来。如加载 Philips 公司的8 位微处理器库 Philips Microcontroller 8-Bit. IntLib,可点击图 2.26 中的"Libraries…"按钮或通过"Design"→"Add/Remove Library…"菜单,打开如图 2.26 所示的加载或删除元器件库对话框。

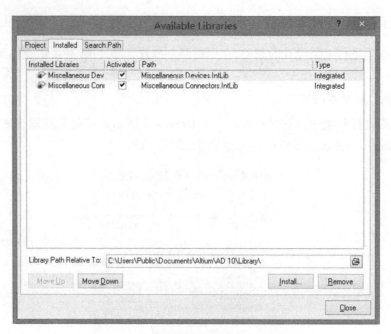

图 2.26　加载或删除元器件库对话框

在对话框中点击"Install…"按钮，弹出打开库文件对话框，如图 2.27 所示。

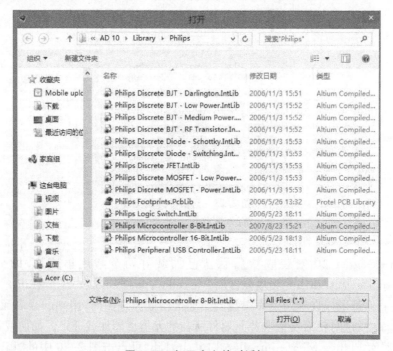

图 2.27　打开库文件对话框

定位到 Philips Microcontroller 8-Bit. IntLib 文件，点击打开按钮完成所选库文件的加载，这时在加载或删除元器件库对话框中显示刚加载的元器件库，如图 2.28 所示。

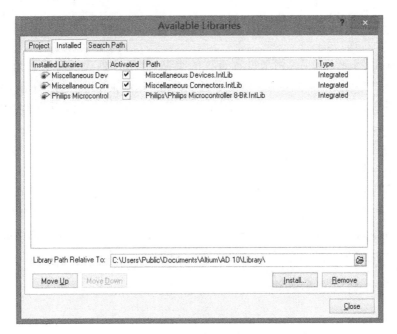

图 2.28　加载元器件库后的元器件库对话框

如果要删除已加载的元器件库,可在加载或删除元器件库对话框中选中要删除的元器件库,并点击"Remove"键进行删除。

3. 查找元器件

Altium Designer 10 包含了几十个公司的元器件库,它提供了快捷的元器件搜索工具,可以方便快速地找到所需的元器件。在元器件浏览器中点击"Search…"按钮或通过"Tools"→"Find Component…"菜单弹出搜索元器件库对话框,如图 2.29 所示。

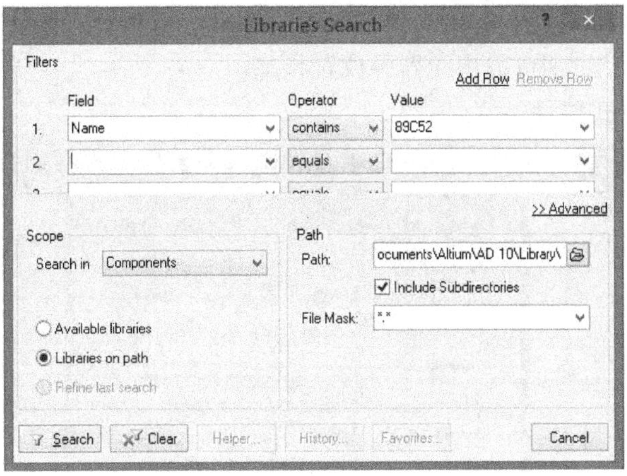

图 2.29　搜索元器件库对话框

在元器件库查找对话框中,可以设定查找对象及查找的元器件库范围,共有 3 个部分:

(1) Filter 区域

在该区域中可以输入要查找元器件的域属性、操作算子和属性值。操作算子有"equals"

"contains""starts with"和"ends with"等。

（2）Scope 区域

该区域中的"Search in"可用来设置查找的类型，其下拉列表框有 4 种可以选择的类型："Components""Footprints""3D Models"和"Database Components"，分别是元器件、封装、3D 模型和元器件库。"Available libraries"和"Libraries on path"单选框用于选择要搜索的范围，"Available libraries"选项表示在已加载的元器件库中查找；"Libraries on path"选项表示在指定的目录中查找。

（3）Path 区域

该区域的"Path"用来设定查找的路径，只有在选中"Libraries on path"单选框时该区域才可进行设置。"File Mask"用来设定查找对象的文件匹配域，"＊"表示匹配任何字符串。

设置好查找内容和范围后，单击"Search"按钮，系统自动关闭搜索元器件库对话框并开始进行查找，最终将查找的结果显示在元器件库浏览器中。

2.3.5　元器件的放置和编辑

1. 元器件的放置

各种元器件是电路原理图的最基本组成元素，绘制原理图首先要进行元器件放置。在放置元器件时要先加载元器件所在的元器件库到元器件库浏览器中，然后从元器件库浏览器或菜单中放置所选的元器件。

（1）通过元器件库浏览器方式放置

在元器件库浏览器（如图 2.25 所示）的元器件列表中选择好要放置的元器件，通过在元器件名上按住鼠标左键不松开拖动、双击元器件名或点击"Place"按钮，这时处于元器件放置状态，元器件会同步跟随鼠标箭头移动，当元器件移动到工作区图纸上的合适位置时，松开鼠标左键（在元器件名上按住鼠标左键不松开拖动方式）或单击鼠标左键后将元器件放置在该位置，此时仍处于元器件放置状态，再次单击鼠标左键时会再放置一个相同的元器件，若单击鼠标右键或按键盘"Esc"键即可退出元器件放置状态。

（2）通过菜单方式放置

通过点击"Place"→"Part…"菜单，系统将弹出元器件库放置对话框，如图 2.30 所示。

图 2.30　放置元器件库对话框

单击放置元器件库对话框中的"Choose"按钮,系统将弹出元器件库浏览对话框,如图2.31所示。

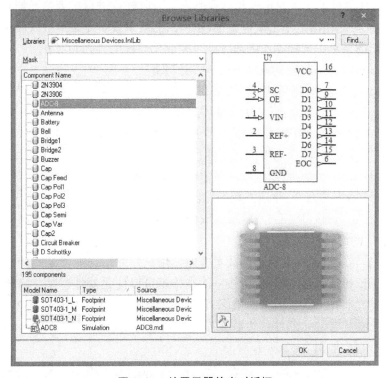

图 2.31　放置元器件库对话框

在该对话框中可以对要放置元器件进行选择。点击"…"按钮进行元器件库的加载或删除;点击"Find"按钮进行元器件的搜索,过程可参见 2.3.4 节原理图元器件库加载部分。选择好需放置的元器件后,点击"OK"按钮后返回到放置元器件库对话框,再点击"OK"按钮后的放置元器件过程与通过元器件库浏览器方式放置类似。

2. 元器件的位置调整

在实际原理图设计过程中,放置元器件时,其在原理图上的放置位置一般都是估计的,为了使设计的原理图清晰和美观,通常要对最初放置的元器件的位置和方向等进行调整。这些调整包括元器件选取和取消、排列与对齐、旋转和翻转、移动或拖动以及复制粘贴和剪切等操作。

(1) 元器件的选取和取消

在对单个元器件进行选取时,只要将光标移动到需要选择的元器件上,然后单击鼠标左键,这时该元器件周围有绿色的虚线方框,虚线方框的四个角上有四个绿色的小方块,则表明该元器件被选中。当要选择多个元器件时,先按下键盘"Shift"键不松开,然后用鼠标左键逐一单击要选取的元器件,或者按住鼠标左键选取一个区域,区域中的所有元器件均被选取。

当原理图上有元器件被选取后,在原理图的空白区域单击鼠标左键即可取消元器件的选取状态。

（2）元器件的排列与对齐

在布置元器件位置时，为使整个电路原理图清晰和美观，应将元器件排列整齐。Altium Designer 10 软件提供了一系列排列和对齐命令。选取好要进行排列的元器件，点击"Edit"→"Align"菜单，或在原理图上单击鼠标右键，在弹出的菜单或快捷菜单中将鼠标移动到"Align"位置，在新弹出的菜单中选择相应的命令即可完成元器件的排列和对齐。

① Align Left 命令：将所选取的元器件左边对齐；

② Align Right 命令：将所选取的元器件右边对齐；

③ Center Horizontal 命令：将所选取的元器件按水平中心线对齐；

④ Distrbute Horizontally 命令：将所选取的元器件水平均匀分布；

⑤ Align Top 命令：将所选取的元器件顶端对齐；

⑥ Align Bottom 命令：将所选取的元器件底端对齐；

⑦ Center Vertical 命令：将所选取的元器件按垂直中心线对齐；

⑧ Distribute Vertically 命令：将所选取的元器件垂直均匀分布。

（3）元器件的旋转和翻转

元器件的旋转就是改变元器件的放置方向。用鼠标左键选取需要旋转的元器件，并按住鼠标左键不松开，再按键盘空格键，每按一次空格键可以使元器件逆时针旋转 90°。或者用鼠标左键选取需要旋转的元器件，单击鼠标右键，在弹出的快捷菜单中单击"Properties…"菜单（或直接双击需要旋转的元器件），然后在弹出的元器件属性对话框"Orientation"下拉列表中设定要旋转的角度，如图 2.32 所示。

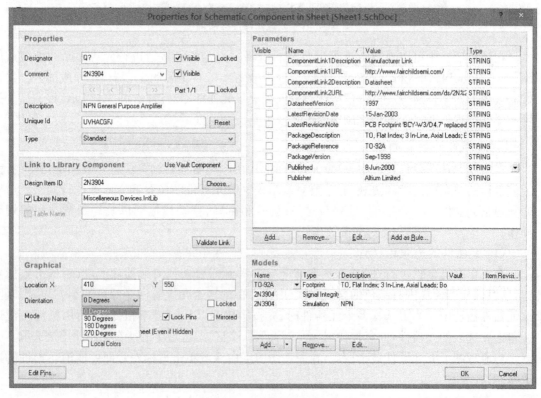

图 2.32　元器件属性对话框

（4）元器件的移动或拖动

用鼠标左键选取需要移动的元器件，然后按住鼠标左键不松开，移动元器件到指定的位置后再松开鼠标左键。但在元器件移动过程中会出现与元器件连接的导线未出现移动而断开，如果在移动元器件时希望与元器件相连的导线不断开，则在选取需要移动的元器件后，先按住键盘上的"Ctrl"键，再按住鼠标左键不松开，拖动元器件到指定的位置后再松开鼠标左键，这时与元器件相连的导线仍然保持连接。

（5）元器件的复制、粘贴和剪切

选中需要复制的元器件，单击工具栏中的复制按钮，或直接使用快捷键"Ctrl C"完成对元器件的复制。选中需要剪切的元器件，单击工具栏中的剪切按钮，或直接使用快捷键"Ctrl X"完成对元器件的剪切。对已复制或剪切的元器件，单击工具栏中的粘贴按钮，或直接使用快捷键"Ctrl V"完成对元器件的粘贴。也可采用快捷复制粘贴操作方式，在选中要复制的元器件后，按住键盘"Shift"键不松开，再按住鼠标左键不松开，并拖拽元器件进行快捷复制粘贴。

3. 元器件的属性设置

在原理图上放置的元器件都具有自身特定的属性，如标识符、注释、位置和所在库名等，在原理图绘制时应对其进行合理的编辑和设置。通过点击"Edit"→"Change…"菜单，再点击选取元器件，系统将弹出元器件属性对话框。或元器件还未被放置在原理图上之前，点击键盘"Tab"键，也可直接双击元器件弹出元器件属性对话框，如图 2.32 所示。该对话框包括 5 个选项：Properties 选项、Library to Link Component 选项、Graphical 选项、Parameters 选项和 Models 选项。

（1）Properties 选项

① Designator：用于显示和修改元器件的标识符。标识符可以方便地区分原理图上不同的元器件，每个元器件都有一个唯一的标识符，它是后续生成网络表的基础；

② Comment：用于显示和修改元器件的注释。一般使用元器件的型号来作为注释；

③ Part：该项只对多组元器件起作用，用来调整当前组件在整个元器件中的序号。所谓多组元器件主要指一个集成电路中包含多个功能相同的电路模块；

④ Description：对元器件属性的描述，用于说明元器件的功能；

⑤ Unique Id：由系统产生的元器件的特殊识别码（唯一 ID）；

⑥ Type：用于设置元器件的类型。

（2）Library to Link Component 选项

① Design Item ID：用于设置元器件库中元器件名称；

② Library Name：用于设置元器件库的名称。

（3）Graphical 选项

① Location：用于设置元器件在原理图上的坐标位置；

② Orientation：用于设置元器件的旋转角度；

③ Show All Pins on Sheet(Even if Hidden)：用于是否显示隐藏的引脚；

④ Loca Colors：用于显示颜色和修改，即进行填充色、线条颜色、引脚颜色设置；

⑤ Lock Pins：用于锁定元器件的引脚，锁定后元器件的引脚无法单独移动。

（4）Parameters 选项

该选项包含一组变量，主要用来设置元器件、引脚、端口、子图符号及 PCB 封装等参数。通过点击"Add…"按钮添加参数,点击"Remove…"按钮移除参数,或者点击"Edit…"按钮编辑参数。

(5) Models 选项

该选项可以指定与原理图元器件相关联的混合信号、信号仿真、PCB 封装及信号完整性分析模型。当实际元器件的封装与系统给定的封装不匹配时,可以为元器件添加或删除封装。删除和添加模型的一般步骤为

① 删除模型:先选中要删除的模型,点击"Remove…"按钮,即可删除该模型;

② 添加模型:点击"Add…"按钮,弹出添加新模型对话框,如图 2.33 所示;

③ 在添加的新模型对话框中,从模型类型下拉列表中选择要添加的模型,如"Footprint"封装模型,点击"OK"按钮,弹出 PCB 封装模型对话框,如图 2.34 所示;

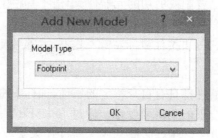

图 2.33　添加新模型对话框

图 2.34　PCB 封装模型添加对话框

④ 从图 2.34 可以看出,由于没有添加任何 PCB 封装,对话框中所有选项都是空的,点击"Browse…"按钮,弹出浏览封装库对话框,如图 2.35 所示。如果在当前库中找不到所需的封装,则可使用与元器件查找类似的方法来查找调用相应的库。

⑤ 在浏览封装库对话框的封装列表框中选择需要的封装,点击"OK"按钮,返回到 PCB 封装模型添加对话框,此时对话框中会显示所选封装信息。

⑥ 点击"OK"按钮,返回到图 2.32 所示元器件属性对话框。此时该对话框中模型列表分组框内的封装名称变为之前选择的封装名称。图 2.34 中的"Pin Map…"按钮的作用是查看元器件原理图符号和封装中引脚对应关系。点击"Pin Map…"按钮,弹出引脚对应关系对话框,如图 2.36 所示。该对话框中两列数字分别表示原理图中元器件和封装的引脚标识,两者之间必须一一对应、完全相符,否则元器件的电气连接关系会出现错误。

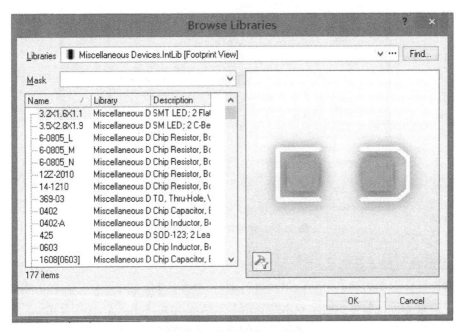

图 2.35　浏览封装库对话框

图 2.36　引脚对应关系对话框

4. 元器件的参数属性设置

如果在元器件的某个参数上双击则会打开一个针对该参数属性的对话框。如双击一个三极管的标识符,会弹出如图 2.37 所示元器件参数属性对话框。对话框"Name"选项下显示的"Designator"表示该对话框可以设置元器件标识符参数属性;"Value"选项可以设置元器件的标识符、标识符是否可见(Visible)和标识符位置是否锁定(Lock);"Properties"选项可以设置元器件标识符的位置坐标(Location X 和 Location Y)、旋转角度(Orientation)、颜色(Color)和字体(Font)等详细属性。

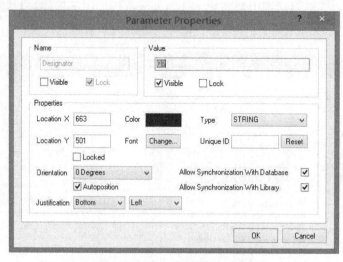

图 2.37　元器件参数属性对话框

5.元器件的标识符编号

元器件放置完毕后需要对其标识符进行编号,或在绘制完原理图后,需要将原理图中的元器件标识符重新进行编号。通过点击"Tools"→"Annotate Schematic…"菜单,系统将弹出标注设置对话框,如图 2.38 所示。通过简单的设置,系统将会完成标识符的自动编号。

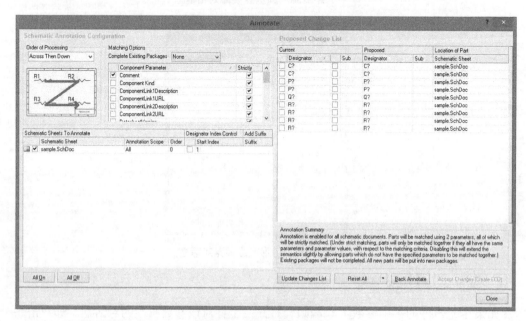

图 2.38　标注设置对话框

（1）标注方式设置

Schematic Annotate Configuration 选项的各操作项用来设定标识符编号作用范围和方式。

① Order of Processing：下拉列表框中各选项用于设置标识符的编号方式，每选中一种方式，均会在其下方显示出这种方式的示意图；

② Schematic Sheets To Annotate：用于显示项目原理图文件，如果项目中包含多个原理图文件，则会在对话框中将这些原理图文件列出。

③ Matching Options：用于选择标识符编号的匹配参数。可以选择对整个项目的原理图或者只对某张原理图标识符进行编号；

④ Proposed Change List：列表显示系统建议的标识符编号情况。

（2）标识符自动编号

在对标注方式进行设置后，可以进行标识符的自动编号操作，一般步骤如下：

① 单击"Reset All"按钮，系统将元器件标识符编号复位；单击"Update Change List"按钮，系统将会按设定的标识符编号方式更新编号情况，然后在弹出的对话框中单击"OK"按钮确定编号，并且更新会显示在 Proposed Change List 列表中；

② 单击"Accept Changes(Create ECO)"按钮，系统将会弹出标识符编号变化情况对话框，在该对话框中，可以使标识符编号更新操作有效，如图 2.39 所示；

③ 单击该对话框中的"Validate Changes"按钮，即可使变化有效，此时电路原理图中的元器件的标识符编号还没有显示出变化；

④ 单击"Execute Changes"按钮，即可真正执行标识符编号的变化，此时电路原理图中的元器件的标识符编号才真正改变；单击"Report Changes…"按钮，可以查看元器件标识符编号情况；单击"Close"按钮，完成标识符编号的改变；图 2.40 所示为标识符自动编号前的原理图，图 2.41 所示为标识符自动编号后的原理图。

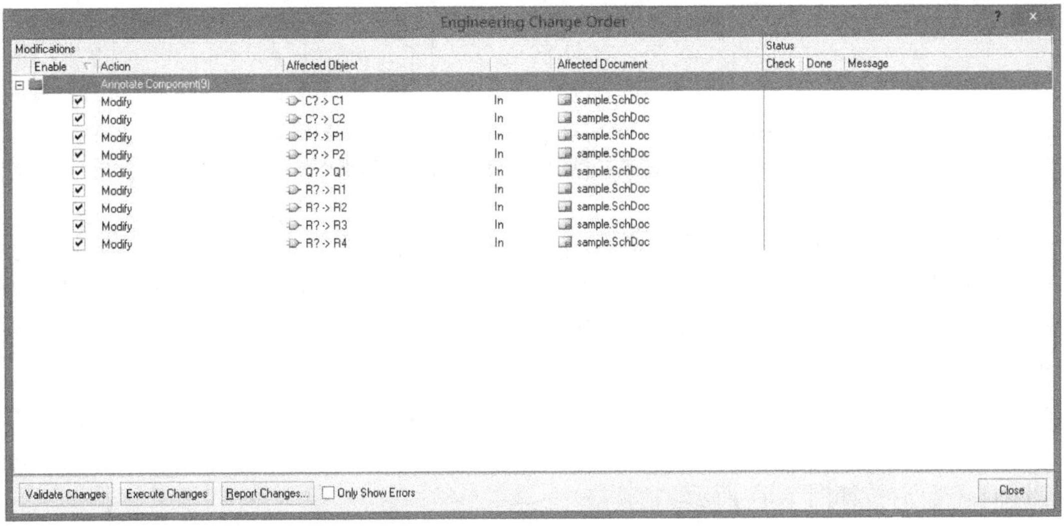

图 2.39　标识符编号情况对话框

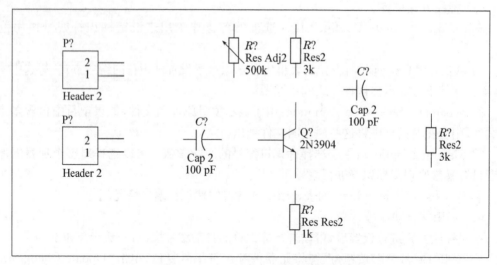

图 2.40 标识符自动编号前原理图

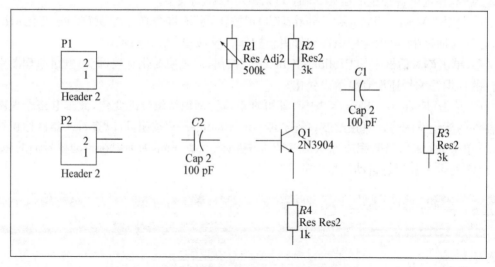

图 2.41 标识符自动编号后原理图

6. 元器件参数属性的批处理修改

在原理图绘制过程中,通常需要对多个相同元器件的同一参数属性做修改,在这种情况下,最快速的方法是使用"Find Similar Objects"命令。比如要将 R2、R3 的阻值修改为 10 kΩ,方法如下:

(1) 在原理图工作区,选定元器件 R2,单击鼠标右键,在弹出的菜单项中点击"Find Similar Objects···"菜单,或点击"Edit"→"Find Similar Objects"菜单,即可进入"Find Similar Objects"对话框,如图 2.42 所示。

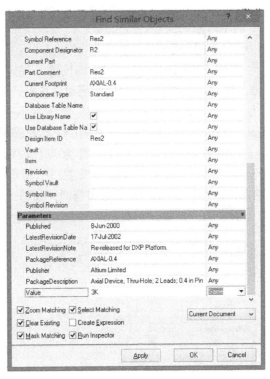

图 2.42　Find Similar Objects 对话框

（2）该对话框的左边是对元器件各种属性的描述,右边是类型选择;

① Any:表示任何有该属性的目标;

② Same:表示具有相同属性的目标;

③ Different:表示具有不同属性的目标。

（3）在对话框左边元器件属性中找到"Value"属性,将右边类型选择为"Same",这时将把阻值为 3 kΩ 的电阻全部查找出来。将对话框下方的复选框"Select Matching"、"Run Inspector"勾选上,如图 2.42 所示;

（4）点击对话框下方的"Apply"按钮,完成全部 3 kΩ 电阻的查找和选中,并在原理图工作区进行高亮显示;然后再点击"OK"按钮,将弹出原理图检查器对话框。如图 2.43 所示;

（5）对话框的每个分组框名称前面都有一个展开和折叠复用按钮,用来实现分组框的展开和折叠功能。各个分组框的功能说明

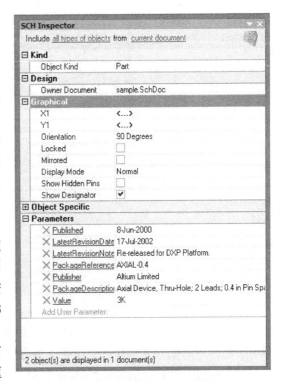

图 2.43　原理图检查器对话框

如下：

① Kind 分组框：用于显示对象的类型；

② Design 分组框：用于显示源文件；

③ Graphical 分组框：显示对象的图形属性参数，如位置、颜色、放置角度等内容；

④ Object Specific 分组框：显示对象的非图形特征属性参数；

⑤ Parameters 分组框：显示对象的普通参数，如版本、封装等。用户也可以自定义参数，单击分组框中的"Add User Parameter"按钮时，其右侧的文本框被激活，直接输入参数即可。

（6）选择 Parameters 分组框内的"Value"（字符为蓝色，代表有下级窗口）栏，单击"Value"，进入下级修改窗口，找到"Value"（字符为黑色）栏，将后面的电阻值 3 kΩ 修改为 10 kΩ，并将光标移到其它非修改栏，此时电阻值完成了修改。如图 2.44 所示。点击该对话框右上角的"×"按钮，返回到原理图工作区，可以看到原理图中 $R2$、$R3$ 的值已全部修改为 10 kΩ。

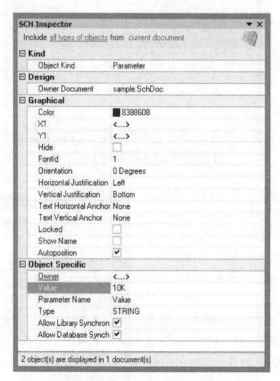

图 2.44　原理图检查器对话框

2.3.6　原理图的绘制

1. 原理图的电气连接

（1）绘制导线

原理图中的电气连接指的是能通过电流的导线，是具有电气意义的物理对象。电路原理图中的绝大多数电气对象都需要用导线来进行连接。

单击配线工具栏中的图标 ≈ ，或点击"Place"→"Wire"菜单，进入布线状态，此时光标变成"米"字形,当光标移动到一个可放置导线电气节点时,光标变成一个红色的"米"字形,此时单击鼠标左键确定导线的起点,拖动鼠标,随之绘制出一条导线,拖动到待连接的另外一个电气节点处,同样也会变成一个红色的米字形,单击鼠标左键确定导线的终点。

如果要连接的两个电气节点不在同一水平直线上,则绘制过程中需要单击鼠标左键确定导线的折点位置,拖动鼠标完成导线的绘制。达到导线的终点位置后,再次单击鼠标左键,完成两个电气节点之间的连接。此时光标仍处于布线状态,可继续绘制下一条导线,如果导线已绘制完成,可单击鼠标右键,或按键盘"Esc"键,退出布线状态。

(2) 绘制总线

总线是一组具有相同性质的并行信号线的组合,如数据总线、地址总线、控制总线等。在原理图的绘制过程中,用一根较粗的线条来清晰方便地表示总线。在原理图编辑环境中的总线没有任何实质的电气连接意义,仅仅是为了绘制原理图和查看原理图的方便而采用的一种简化连线的表现形式。因此,总线必须配合总线入口和网络标签来实现电气意义上的连接。

单击配线工具栏中的图标 ,或点击"Place"→"Bus"菜单,进入绘制总线状态,此时光标变成"米"字形,移动光标到放置总线的起点位置,单击鼠标左键确定总线的起点,拖动鼠标进行对总线的绘制,在每个拐点位置都单击鼠标左键确定,到达终点位置后,再次单击鼠标左键,单击鼠标右键,或按键盘"Esc"键,退出绘制总线状态。完成总线绘制,如图 2.45 所示。

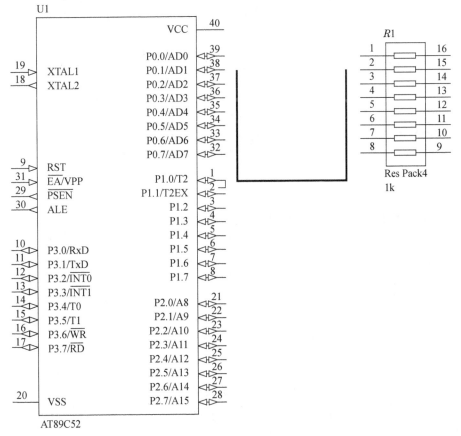

图 2.45 绘制总线

（3）绘制总线入口

总线入口是单一导线与总线的连接线。它表示一根总线分开成一系列导线或者将一系列导线汇合成一根总线。与总线一样，总线入口也不具有任何电气连接的意义。使用总线入口，可以使电路原理图更加美观和清晰。

单击配线工具栏中的图标 ，或点击"Place"→"Bus Entry"菜单，进入绘制总线入口状态，此时光标变成"米"字形，并带有总线入口符号"/"或"\"，可按空格键来调整总线入口的方向，每按一次总线入口将逆时针旋转 90°，移动光标至总线和导线之间单击鼠标左键，即可放置一个总线入口，放置时要确保总线入口两端都出现红色"米"字形，以确保总线入口已进行电气连接，单击鼠标右键，或按键盘"Esc"键，退出绘制总线入口状态。完成总线入口绘制，如图2.46 所示。

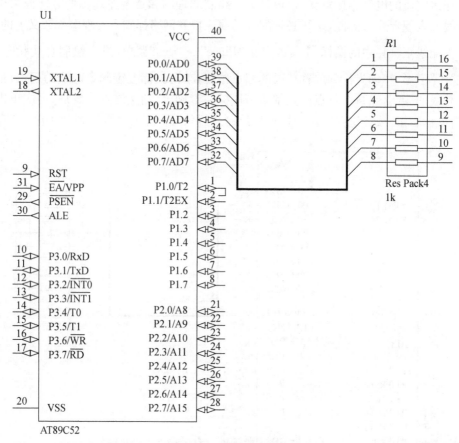

图 2.46　总线入口绘制

（4）放置电气节点

在 Altium Designer 10 系统中绘制电路原理图时，默认情况下会在导线 T 形交叉处自动放置电气节点，表示所绘制线路在电气意义上是连接的。但在十字交叉处，系统无法判断在该处导线是否连接，所以不会自动放置电气节点。如果该处导线确实是连接的，就需要自行放置电气节点。

若要自行放置电气节点，点击"Place"→"Manual Junction"菜单，进入放置电气节点状态，此时光标变成"米"字形,并带有一个电气节点符号。移动光标到需要放置电气节点的位置上,单击鼠标左键即可完成放置。单击鼠标右键,或按键盘"Esc"键可退出放置电气节点状态。

（5）放置网络标号

在原理图的绘制过程中,元器件间除了可以使用导线连接外,还可以通过网络标号的方法来实现连接。具有相同网络标号的导线或元器件引脚,无论在图上是否有导线连接,其电气关系都是连接在一起的。使用网络标号代替实际连接导线可以大大简化原理图的复杂度。网络标号是区分大小写的,相同的网络标号是指形式上的完全一致。

单击配线工具栏中的图标 ![Net] ,或点击"Place"→"Net Lable"菜单,进入放置网络标号状态,此时光标变成"米"字形,并带有一个初始标号"NetLable * "。移动光标到需要放置网络标号的导线或引脚上,光标变成红色"米"字形,表示网络标号已连接到该导线或引脚,单击鼠标左键即可放置一个网络标号。将光标移动到其他位置时,还可以继续放置,单击鼠标右键,或按键盘"Esc"键,退出放置网络标号状态。双击已放置的网络标号,弹出网络标号属性对话框,可以修改网络标号,如图 2.47 所示。

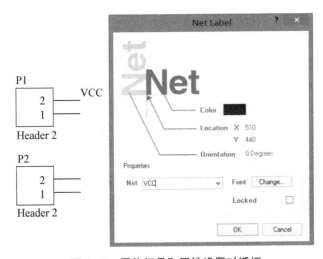

图 2.47　网络标号和属性设置对话框

（6）放置输入/输出端口

对于电路原理图中任意两个电气节点来说,除了用导线和网络标号来连接外,还可以使用输入/输出端口来描述两个电气节点之间的连接关系。相同名称的输入/输出端口在电气意义上是连接的。

单击配线工具栏中的图标 ![D1] ,或点击"Place"→"Port"菜单,进入放置输入/输出端口状态,此时光标变成"米"字形,并带有一个输入/输出端口符号。移动光标到合适的位置上,此时光标变成红色"米"字形,表示输入/输出端口已连接到该处,单击鼠标左键确定输入/输出端口的一端位置,然后拖动光标调整端口大小,再次单击鼠标左键确定端口的另一端位置。单击鼠标右键,或按键盘"Esc"键,退出放置输入/输出端口状态。双击已放置的输入/输出端口,弹出输入/输出端口属性对话框,如图 2.48 所示。

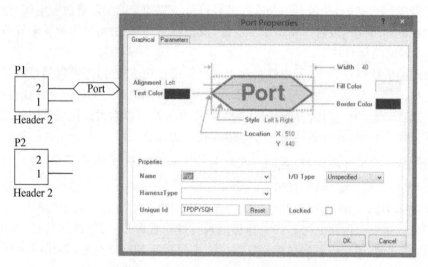

图 2.48　输入/输出端口属性设置对话框

在该属性对话框中可以对端口的名称、端口类型进行设置。端口类型包括：Unspecified、Input、Output 等。

（7）放置电源或接地符号

作为一个完整的电路原理图，电源符号和接地符号都是不可缺少的组成部分。系统给出了多种常用的电源符号和接地符号形式，且每种形式都有其相应的网络标号。

单击配线工具栏中的图标 $\frac{VCC}{\top}$，或点击"Place"→"Power Port"菜单，进入放置电源或接地端口状态，此时光标变成"米"字形，并带有一个电源符号。移动光标到合适的位置上，此时光标变成红色"米"字形，表示电源已连接到该处，单击鼠标左键即可完成放置，再次单击鼠标左键可实现连续放置。单击鼠标右键，或按键盘"Esc"键可退出放置电源或接地端口状态。双击已放置的电源端口，弹出电源端口属性对话框，如图 2.49 所示。

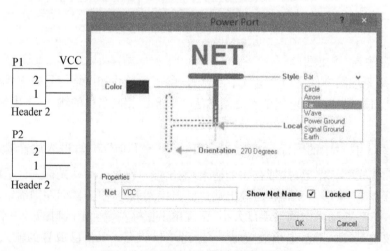

图 2.49　电源端口和属性设置对话框

在该对话框中可以对电源的名称、样式进行设置，该窗口包含的电源样式为"Bar"下拉列表所示,可根据需要进行设置。

（8）放置忽略电气规则检查（ERC）符号

在电路设计过程中系统会进行电气规则检查（ERC）,为忽略对某些电气节点的检查,以免在检查报告中出现错误信息,对于一些不需要进行电气连接的引脚上可放置忽略 ERC 检查符号,让系统进行 ERC 检查时忽略对此引脚的电气规则检查,否则会报告错误 ERC 检查信息。

单击配线工具栏中的图标 ，或点击"Place"→"Directives"→"No ERC"菜单,进入忽略 ERC 检查符号状态,此时光标变成"米"字形,并带有一个"×"符号。移动光标到需要放置的位置上,单击鼠标左键即可完成放置,再次单击鼠标左键可实现连续放置。单击鼠标右键,或按键盘"Esc"键,退出放置忽略 ERC 检查符号状态。

2.3.7　原理图绘制的技巧

在电路原理图绘制过程中,如果使用一些小技巧可以快捷、方便地绘制出原理图。

1. 页面缩放

在进行原理图绘制过程中,经常要对原理图的一些区域进行缩放,以便对整个电路和局部电路进行观察。对原理图的缩放有多种方式。

（1）键盘缩放页面

① 放大:按"Page Up"键,可以放大绘图页面;

② 缩小:按"Page Down"键,可以缩小绘图页面;

③ 居中:按"Home"键,可以从工作区域位置,移动到当前光标为中心区域位置;

④ 更新:按"End"键,对绘图区域进行更新,恢复正确的显示状态。

（2）用菜单缩放页面

使用"View"菜单下的子菜单可以实现对页面的缩放:

① 子菜单 Zoom In:可以放大绘图页面;

② 子菜单 Zoom Out:可以缩小绘图页面;

③ 子菜单 Fit All Objects:将整个绘图页面缩放在窗口中,不含边框和空白部分;

④ 子菜单 Fit Document:将整个绘图页面缩放在窗口中;

⑤ 子菜单 Full Screen:全屏显示。

（3）用鼠标缩放页面

使用鼠标可以快速实现对页面的缩放:

① 键盘＋鼠标:按住键盘"Ctrl"键不松开,向前推鼠标滚轮可以放大绘图页面,向后推鼠标滚轮可以缩小绘图页面;

② 鼠标:同时按住鼠标左、右键不松开,向前移动鼠标可以放大绘图页面,向后移动鼠标可以缩小绘图页面。

2. 工具栏的打开和关闭

有效使用工具栏可以大大减少工作量,因此适时地打开和关闭工具栏可提高绘图效率。可以通过"View"→"Toolbars"菜单后的子菜单来打开和关闭各工具栏,子菜单如图 2.50所示。

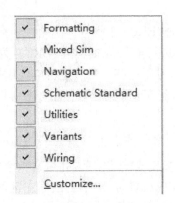

图 2.50　工具栏打开和关闭菜单

2.4　PCB 设计

PCB 是指以绝缘基板为基础材料加工而成的具有一定尺寸的板,是电子元器件的支撑体和线路连接的提供者。电路原理图设计得再完美,如果 PCB 设计的不合理,整个电路的性能会大打折扣,甚至不能正常工作。

2.4.1　元器件的封装

元器件的封装分为直插式和表面贴片式两种方式。其中将元器件安置在 PCB 的一面,而将引脚穿过 PCB 并在另一面进行焊接,这种方式被称为直插式(THT,Through Hole Technology)封装;而将引脚焊接在与元器件同一面的 PCB 上的方式被称为表面贴片式(SMT,Surface Mounted Technology)封装。

表面贴片式封装元器件比直插式封装元器件体积小,在 PCB 上的零件密集度要比直插式封装元器件大很多,同时价格也比较便宜,因而也得到了广泛使用。在进行电路设计时,不仅要知道元器件的名称和电路符号外,还要知道元器件的封装形式,元器件的封装在设计电路原理图时指定。

1. DIP 封装

DIP(Dual In-line Package,双列直插式封装),这种封装属于直插式封装,引脚从封装两侧引出。它的引脚数量较少,一般不超过 100 个,常用于中、小规模集成电路芯片。图 2.51 所示为 DIP-40 封装。

图 2.51　DIP-40 封装

2. SOP 封装

SOP(Small Outline Package,小外形封装),由 Philips 公司开发使用,其引脚从元器件的两侧引出,是最普及的表面贴片式封装,后逐步派生出 TSOP(薄小外形封装)、VSOP(甚小外形封装)、SSOP(缩小型 SOP)、TSSOP(薄的缩小型 SOP)、SOIC(小外型集成电路)等。图 2.52 所示为 SOP-16 封装。

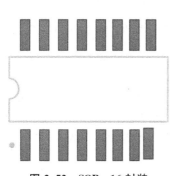

图 2.52　SOP-16 封装

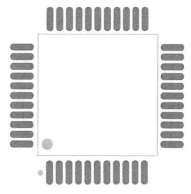

图 2.53　PQFP-44 封装

3. PQFP 封装

PQFP(Plastic Quard Flat Package,塑料方形扁平封装),其引脚从元器件的四边都有引出,常用于大规模和超大规模集成电路芯片,一般引脚数量较多,且引脚间距较近。图 2.53 所示为 PQFP-44 封装。

4. QUAD 封装

QUAD(Quad Packs,四边形封装),其引脚从元器件的四边都有引出,常用于大规模和超大规模集成电路芯片,一般引脚数量较多,且引脚间距很小,引脚很细。图 2.54 所示为 QUAD-52 封装。

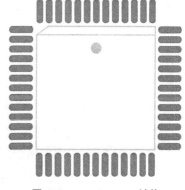

图 2.54　QUAD-52 封装

2.4.2　PCB 的设计步骤

Altium Designer 10 设计 PCB 时,通常按以下流程进行:

1. 设计原理图

电路原理图设计是 PCB 设计的第一步,首先利用原理图设计工具先绘制好原理图文件。在原理图设计时,大部分元器件 Altium Designer 10 的元器件库都提供封装,在进行 PCB 设计时要对设计的原理图中元器件的封装进行确认和调整,对于某些特殊的元器件,可能需要修改和绘制封装。

2. PCB 结构设计

PCB 的结构设计包括创建 PCB 文件、确定 PCB 的尺寸和各项机械定位。在 PCB 设计环境下定义 PCB 外形和尺寸,按定位要求放置好接插件、开关和装配孔等,并设定好 PCB 板的层数。

3. 加载网络表

网络表是电路原理图和 PCB 板设计的桥梁,只有将网络表和元器件封装引入 PCB 设计系统后,才能进行电路板的布线工作。元器件的封装就是包装元器件的外形,对于使用的每个元器件,必须要有相应的外形封装。加载后系统将产生一个新的内部网络表,形成飞线。

4. PCB 布局

布局就是在 PCB 上布置元器件,PCB 是由电路原理图根据网络表转换而成的,一般上面元器件的布局都不太规范,因此,需要设计者将元器件进行重新布局。元器件的合理布局将影响到布线的质量。

5. 布线

元器件布局设置好后,在布线前要进行规则设置,之后可以使用系统的自动布线功能进行布线。只要元器件布局合理、布线规则设置正确,系统一般可成功完成自动布线。如自动布线无法布通,可以对设置的规则进行调整后再进行自动布线,如仍无法布线,需进行手工布线。

6. 生成报表文件

PCB 布线完成后,可以生成相应的各类报表文件。

2.4.3　PCB 设计

在 Altium Designer 10 进行 PCB 设计时,首先要新建一个 PCB 工程,再新建并绘制好原理图文件,然后在 PCB 工程里新建一个 PCB 文件,这时 Altium Designer 10 系统的 PCB 编辑器启动,进入 PCB 编辑器,如图 2.55 所示。

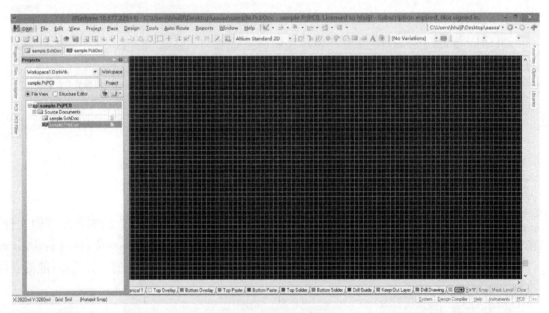

图 2.55　PCB 编辑器

1. 主菜单栏

PCB 主菜单栏包含 DXP、File、Edit、View、Project、Place、Design、Tools、Auto Route、Reports、Window 和 Help 等 12 个菜单。在 PCB 编辑环境中，主菜单栏如图 2.56 所示。主要功能是进行页面缩放、设计参数设置、规则设置、调取布线工具、自动布线以及打开帮助等。

图 2.56　PCB 编辑器中的主菜单栏

2. PCB 标准工具栏

PCB 标准工具栏可以完成一些基本操作命令，如文件操作、打印、复制、粘贴、快速定位等。标准工具栏如图 2.57 所示。

图 2.57　PCB 标准工具栏

3. 布线工具栏

布线工具栏主要提供了在 PCB 设计中常用的电气对象放置按钮，还包括各种布线工具按钮。布线工具栏如图 2.58 所示。

图 2.58　布线工具栏

4. 实用工具栏

实用工具栏包括了 6 个工具箱，即绘图工具箱、排列工具箱、查找选择工具箱、尺寸工具箱、Room 空间工具箱、栅格工具箱。实用工具栏如图 2.59 所示。

图 2.59　实用工具栏

（1）绘图工具箱：用于 PCB 中绘制所需要的标注信息。
（2）排列工具箱：用于对 PCB 中元器件位置进行排列和调整。
（3）查找选择工具箱：用于查找所有标记为"Selection"的电气符号。
（4）尺寸工具箱：用于在 PCB 图上进行各种方式的尺寸标注。
（5）Room 空间工具箱：用于放置各种形式的 Room 空间。
（6）栅格工具箱：用于切换网格、设定网格尺寸操作。

5. PCB 编辑窗口

PCB 编辑窗口是进行 PCB 设计的工作平台，用于进行元器件的布局、布线等有关操作。该工作区是由一些网格组成，这些网格有助于元器件放置和布线时的定位。按住"Ctrl"键，并滑动鼠标滚轮可对工作区进行放大或缩小,以方便 PCB 的设计。

6. 板层标签

板层标签位于编辑窗口的下方,用于切换 PCB 编辑窗口中当前显示的板层,所选中的板层颜色将显示在最前端,用户的操作均在当前的板层进行。板层标签如图 2.60 所示。

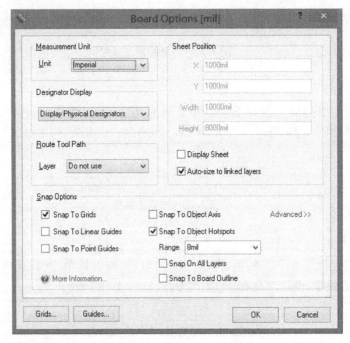

图 2.60　板层标签

2.4.4　PCB 图纸参数设置

为了更好的完成 PCB 的绘制,要对 PCB 图纸进行相应的设置,包括度量单位的设置。在 Design 菜单中点击"Board Options…"项进入"Board Options"对话框,如图 2.61 所示。

图 2.61　Board Options 对话框

1) Measurement Units

用于设置 PCB 中的度量单位,有两种度量单位可供选择,即 Imperial(英制)和 Metric(公制)。在 PCB 编辑环境下,可通过按键盘"Q"键来进行切换。元器件的封装多为英制单位。例如双列直插器件,其引脚间距为 100 mil,即 2.54 mm。

2) Designator Display

用于设定显示不同的标识符,如显示物理标识符、逻辑标识符。

3) Route Tool Path

在层下拉列表框中显示所对应的层,分别为"Do not use"和"Mechanical"。

4）Snap Options

在该区域中有多个复选框组成,复选框含义如下:

Snap Grid:用于设置绘制元器件过程中将网格点作为捕捉点;

Snap To Linear Guides:用于设置绘制元器件过程中将辅助线作为捕捉点;

Snap To Point Guides:用于设置绘制元器件过程中将辅助点作为捕捉点,主要针对不限引脚长度的元器件;

Snap To Object Axis:用于设置绘制元器件过程中捕捉对应的目标轴线;

Snap To Object Hotspots:用于设置绘制元器件过程中捕捉目标热点;

Range 下拉列表:用于设置网格的大小。

5）Sheet Position

用于设定图纸的起始 X、Y 坐标、宽度和高度。选中"Display Sheet"复选框,编辑窗口内将显示图纸页面。

2.4.5　PCB 环境参数设置

系统环境参数设置是 PCB 绘制过程中非常重要的一步,合理的设置环境参数可进一步提高设计效率。通过"Tools"→"Preferences…"菜单,打开 PCB 环境参数设置对话框,如图 2.62 所示。对话框中"PCB Editor"选项中共有 15 个选项卡,可分别设置 PCB 环境、图形编辑环境以及默认基本单元等。

图 2.62　PCB 环境参数设置对话框

2.4.6 PCB 板层设置

1. PCB 的层面

PCB 的工作层面分为 Signal Layer(信号层)、Internal Plane(内平面层)、Mechanical Layer(机械层)、Mask Layer(掩膜层)、Silkscreen Layer(丝印层)、Other Layer(其他层)等 6 个分类区域。

（1）Signal Layer(信号层)

信号层即铜箔层，主要完成电气特性连接。Altium Designer 10 提供最多 32 层信号层，各层以不同的颜色显示。可通过"Design"→"Layer Stack Manager…"菜单设置信号层。

（2）Internal Plane(内平面层)

内平面板主要用来布置电源及接地线。Altium Designer 10 提供最多 16 层内平面层，各层以不同的颜色显示。可通过"Design"→"Layer Stack Manager…"菜单设置内平面层。

（3）Mechanical Layer(机械层)

机械层用来定义板子的轮廓、厚度、制造说明或其他设计需要的机械说明。

（4）Mask Layer(掩膜层)

掩膜层主要用于保护铜箔，也可以防止焊接时错焊其他地方。有 Top Solder(顶层助焊层)、Bottom Solder(底层助焊层)、Top Paste(顶层阻焊层)、Bottom Paste(顶层阻焊层)。

（5）Silkscreen Layer(丝印层)

丝印层主要用于在 PCB 的上、下表面阻焊层上印上所需的标志图案和文字符号等。有 Top Overlay(顶层丝印层)、Bottom Overlay(底层丝印层)。

（6）Other Layer(其他层)

除以上介绍的层面外，还有以下工作层：

Keep Out Layer：禁止布线层，用于设定电气边界，此边界外不能布线。

Muti-Layer：复合层，如果不选择此项，过孔就无法显示。

2. 层面颜色设置

在 PCB 设计过程中，为了方便看图，将各个板层的颜色设定成不同的颜色。在 PCB 编辑窗口的底部，会显示一系列的板层和颜色标，以方便在 PCB 不同层上进行操作。通过"Design"→"Board Layer" & "Colors…"菜单，或键盘"L"键，打开层面设置对话框，如图 2.63 所示。

在该对话框中，可以进行信号层、平面层、机械层、丝印层等层的颜色设置和是否显示设置。

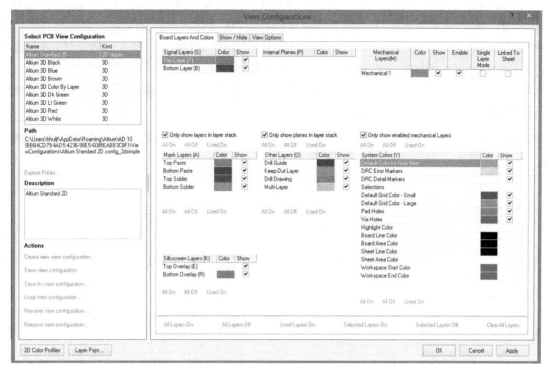

图 2.63　层面设置对话框

2.4.7　PCB 边框设置

1. PCB 物理边框设置

PCB 的物理边界是指板子实际形状和大小,板形在机械层(Mechanical)上进行设置,根据所设计的 PCB 在产品中的位置、空间大小、形状以及与其他部件的配合来确定其外形和尺寸。其设置过程如下:

(1) 在 PCB 编辑窗口下方单击标签"Mechanical",将编辑区域切换到机械层;

(2) 通过点击"Place"→"Line"菜单,这时鼠标变成"十"字形,将鼠标移动到合适位置,单击鼠标左键确定物理边框线的起点,然后拖动鼠标确定放置成所需外形和尺寸,在各拐弯处单击鼠标左键,直到形成一个封闭的物理边框线。单击鼠标右键,或按键盘"Esc"键退出该操作状态。

(3) 物理边框线绘制完成后还可以对板的形状进行修改或调整,可用鼠标左键拖动物理边框线来改变板子的外形和大小。

2. PCB 电气边框设置

PCB 的物理边框线设定好后,还需要进行 PCB 电气边框的设定。电气边框是通过在禁止布线层(Keep Out Layer)上绘制边界来确定。禁止布线层是一个特殊的层面,所有的信号层对象(焊盘、过孔、元器件、导线等)都被限定在电气边框之内。一般来说,电气边框要略小于物理边框,在实际 PCB 设计时,通常两者相同。其设置过程如下:

(1) 在 PCB 编辑窗口下方单击标签"Keep Out Layer",将编辑区域切换到禁止布线层;

（2）通过点击"Place"→"Keepout"→"Track"菜单，这时鼠标变成"十"字形，将鼠标移动到合适位置，单击鼠标左键确定电气边框线的起点，然后拖动鼠标确定放置成所需外形和尺寸，在各拐弯处单击鼠标左键，直到形成一个封闭的电气边框线。单击鼠标右键，或按键盘"Esc"键退出该操作状态。绘制好的电气边框如图 2.64 所示。

（3）电气边框线绘制完成后还可以对板的形状进行修改或调整，可用鼠标左键拖动电气边框线来改变板子的外形和大小。

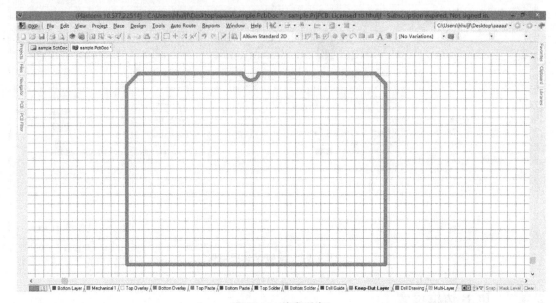

图 2.64　电气边框

在实际 PCB 设计时，可以只设定电气边框而不设定物理边框，因为 PCB 的具体制作加工是以电气边框为准的。

（4）物理边框和电气边框的实际长度可以通过点击"Reports"→"Measure Distance"菜单，或按住键盘"Ctrl"键不松开，再按"M"键，这时鼠标变成"十"字形，将鼠标移动到测量起点位置单击鼠标左键，然后移动鼠标到测量终点位置再次单击鼠标左键。这时会弹出测量结果信息框，如图 2.65 所示。

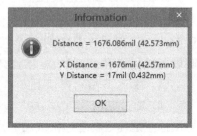

图 2.65　测量结果信息框

2.4.8　PCB 板形重定义

对 PCB 边框进行设定是 PCB 板形定义的依据，PCB 边框可以是物理边框或电气边框，这里以电气边框为例，其设置过程如下：

1. 选中 PCB 的所有电气边框线，按住键盘"Shift"键，通过鼠标左键依次单击选中所有电气边框线，或使用"PCB Filter"过滤器，点击 PCB 编辑区域左侧面的"PCB Filter"标签，出现如图 2.66 所示 PCB 过滤器，按图中所示进行设定。

图 2.66 PCB 过滤器

2. 点击 PCB 过滤器的"Apply"按钮,所有电气边框线均处于被选中状态,如图 2.67 所示。

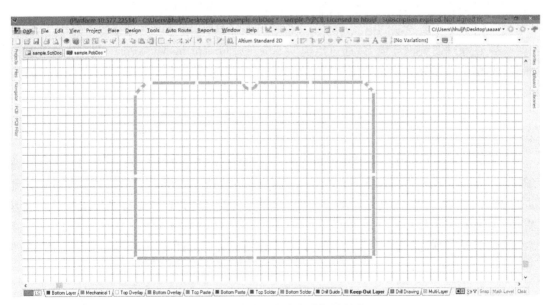

图 2.67 选中所有电气边框线状态

3. 通过点击"Design"→"Board Shape"→"Define from selected objects"菜单,PCB 板形将按选定的电气边框进行了重新定义,如图 2.68 所示。

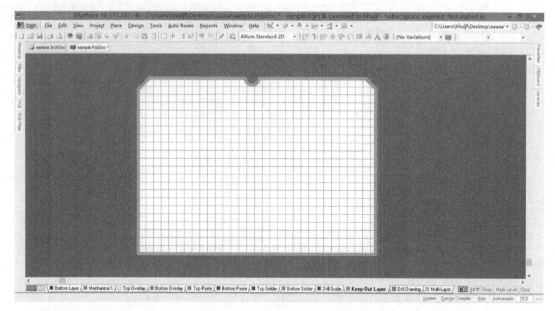

图 2.68　重新定义后的 PCB 板形

2.4.9　导入网络表

1. 导入前准备工作

导入网络表就是将原理图中元器件的封装及其相互连接关系输入到空白 PCB 文件中，从而实现从原理图向 PCB 的转化。在导入前应完成以下准备工作：

（1）对项目中所绘制的电路原理图文件进行编译检查，确保电气连接的正确性。

（2）在原理图编辑环境下，通过点击"Tools"→"Footprint Manager…"菜单，打开封装管理器，如图 2.69 所示。对电路原理图中每一个元器件的封装进行检查，确认与电路原理图相关联的所有元器件库和封装库均已加载，确保元器件封装的正确性。

（3）在电路原理图所在项目中新建 PCB 空白文件。

2. 导入网络表

Altium Designer 10 中原理图编辑器和 PCB 编辑器中都提供了设计同步器。使用原理图编辑器中的设计同步器可以实现网络与元器件封装向 PCB 的导入，还可以对 PCB 设计随时进行更新。同理，使用 PCB 编辑器中的设计同步器也可以实现 PCB 对原理图设计的导入和更新。下面以共射极三极管放大电路为例来说明导入网络表的流程。

（1）打开"共射极三极管放大电路"的原理图编辑器。如图 2.70 所示。

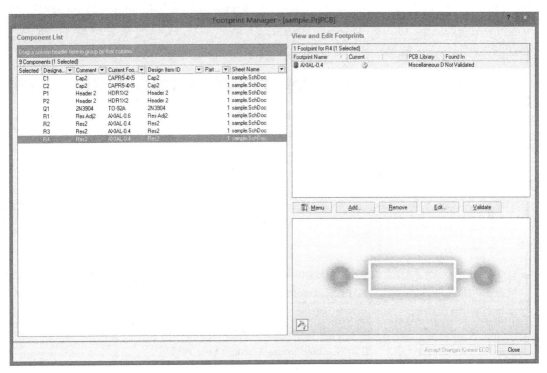

图 2.69　封装管理器

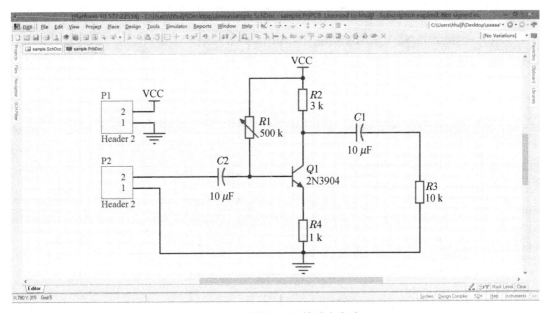

图 2.70　共射极三极管放大电路

（2）通过点击"Design"→"Update PCB Document sample. PcbDoc"菜单，打开"Engineering Change Order"对话框，如图 2.71 所示。在 PCB 编辑器环境下，通过点击"Design"→"Import Changes From sample. PrjPcb"菜单也可以实现相同的操作。

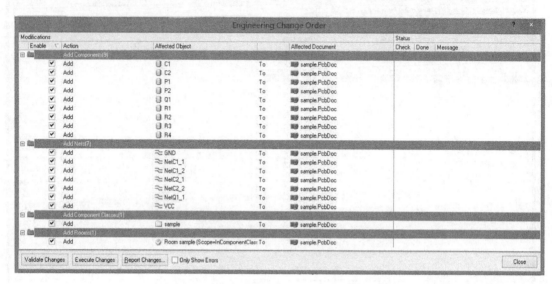

图 2.71　**Engineering Change Order 对话框**

（3）单击"Validate Changes"按钮，在对话框 Status 中的 Check 区域将显示网络与元器件封装检查的结果，绿色"√"表明正确，变化有效，如图 2.72 所示。如出现红色"×"，表明错误，变化无效。

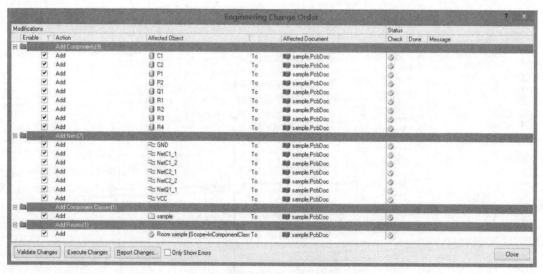

图 2.72　**检查网络与元器件封装**

（4）单击"Execute Changes"按钮，将网络与元器件封装导入到 PCB 编辑器文件中，绿色"√"表明导入成功。如图 2.73 所示。

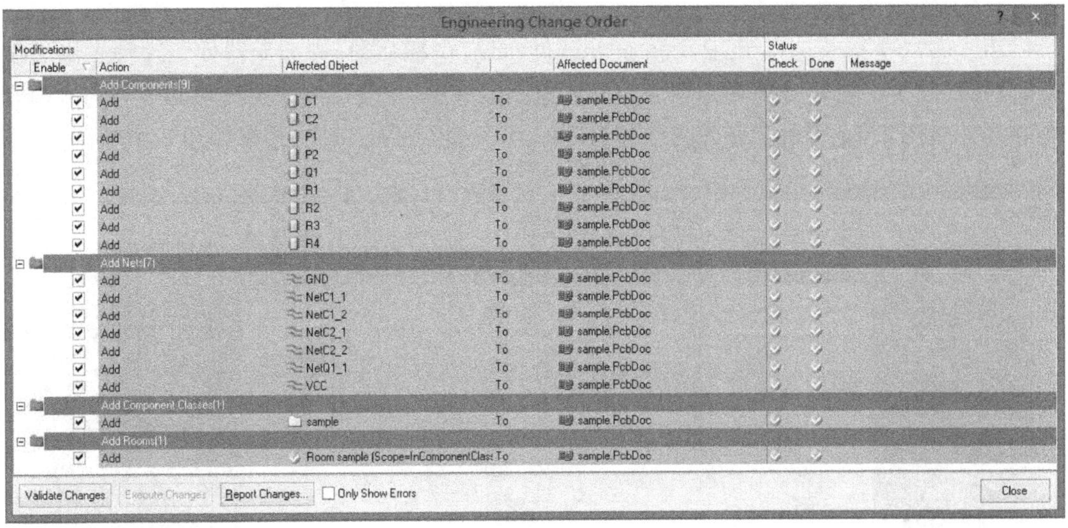

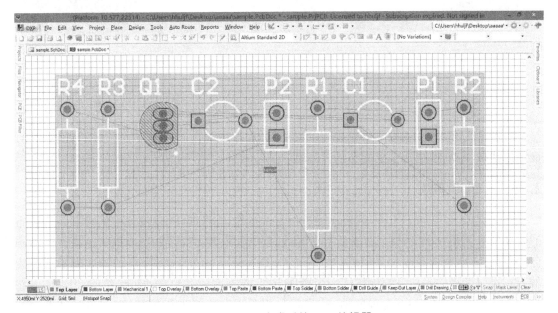

图 2.73　导入完成

（5）单击"Close"按钮,导入完成后的 PCB 编辑器如图 2.74 所示。

图 2.74　导入完成后的 PCB 编辑器

将电路原理图文件导入 PCB 文件后,系统会生成很多飞线,如图 2.74 所示。飞线是一种网表连接关系,不是真正的电气连接。

2.4.10　PCB 布局

网络表导入完成后,这时要将元器件放入工作区,即对元器件的封装进行布局。布局的好坏将直接影响到布线效果,合理布局是 PCB 设计中的重要一步。布局有两种方式,即手工布局和自动布局。

1. 手工布局

手工布局是指手工在 PCB 上进行元器件布局,包括移动、排列元器件。这种布局效率较低,但布局结果一般较合理和实用。需参照电路原理图,一般按照电路模块和信号的流向来进行布局。对图 2.74 所示已完成网络导入后的 PCB 进行手工布局,结果如图 2.75 所示。

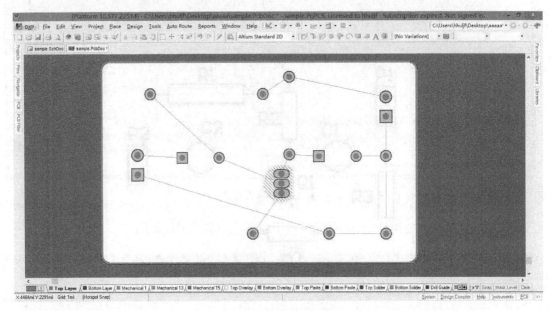

图 2.75 手工布局结果

2. 自动布局

除了手工布局外,还可以事先设定好设计规则,让系统在 PCB 上进行元器件的自动布局。这种方法效率高,但缺乏一定的布局合理性。

2.4.11 PCB 布线

在完成 PCB 布局工作后,就要开始进行布线操作,布线是 PCB 设计中的重要一环。布线的首要任务就是在 PCB 板上布通所有的导线,建立起电路所需要的所有电气连接。PCB 布线分为单面布线、双面布线和多层布线。Altium Designer 10 中布线有自动布线和手工布线两种方式可以选择。虽然系统提供了一个操作方便、布通率较高的自动布线功能,但在实际布线过程中仍然会存在一些不合理的地方,需要采用手工布线来进行调整,以获得最佳的布线效果。无论是自动布线还是手工布线,均需要遵循一定的布线规则。与布线有关的规则是电气规则(Electrical)和布线规则(Routing)。

1. 布线规则设置

(1) 电气规则(Electrical)

通过点击"Design"→"Rules…"菜单,打开"PCB 规则和约束编辑"对话框,如图 2.76 所示。

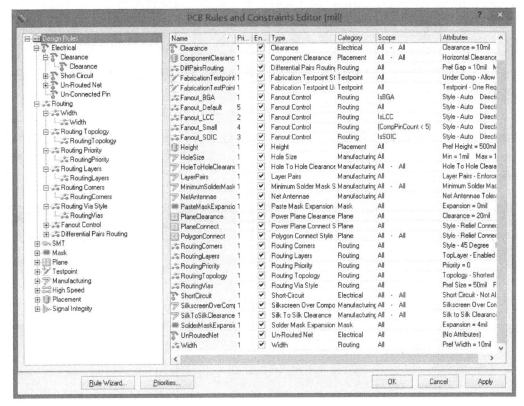

图 2.76　PCB 规则和约束编辑对话框

电气规则主要有以下 4 项：

① Clearance：用于设置 PCB 中导线、焊盘等导电对象之间的最小安全距离，以免由于距离过近产生相互干扰；

② Short-Circuit：用于设置 PCB 上是否允许出现短路导线；

③ Un-Route Net：用于设置检查 PCB 中指定范围内的网络是否已完成布线，对于没有布线的网络，仍以飞线形式保持连接；

④ Un-Connected Pin：用于设置检查指定范围内的元器件引脚是否已连接到网络，对于没有连接的引脚，给予警告提示信息，显示为高亮状态。

（2）布线规则（Routing）

布线规则主要有以下 8 项：

① Width：用于设置 PCB 布线时允许采用的导线宽度，在布线时流通大电流的导线用粗线，而流通小电流的导线用细线；

② Routing Topology：用于设置自动布线时同一网络节点内各节点间的布线方式；

③ Routing Priority：用于设置 PCB 中各网络布线的先后顺序，优先级高的网络先布线；

④ Routing Layers：用于设置在自动布线过程中各网络允许布线的工作层；

⑤ Routing Corners：用于设置自动布线时导线的拐角模式；

⑥ Routing Via Style：用于设置自动布线时过孔的尺寸；

⑦ Fanout Control：用于设置对贴片元器件进行扇出式布线的规则；

⑧ Differential Pairs Routing：用于布线时对一组差分对设置参数。

2. 自动布线

自动布线一般包括以下几步骤：

（1）完成 PCB 的电气边框设置、板形重定义、网络表导入和元器件布局，设置好 PCB 的布线工作层；

（2）将 PCB 中的导线按通过电流大小区分为几类不同的导线宽度（一般至少分为流通大电流的电源类和流通小电流的信号类两类）。通过点击"Design"→"Classes…"菜单，打开"Object Class Explorer"对话框，如图 2.77 所示，以"共射极三极管放大电路"为例，将网表分为电源类和信号类。

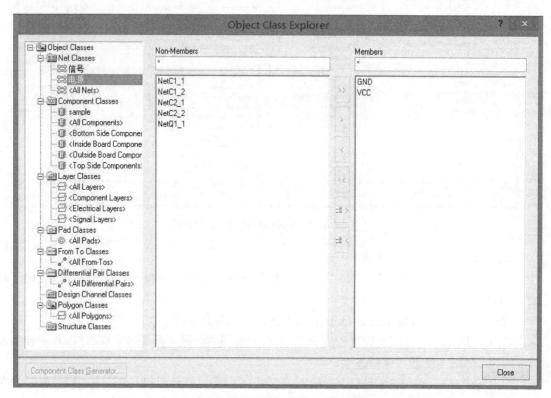

图 2.77　Object Class Explorer 对话框

（3）设置合适的电气规则（Electrical），其中根据电路的具体指标要求对电源类和信号类设置不同的线宽，以满足实际工作电流需要。

（4）可以选择不同的自动布线方式（All、Net Class、Connection、Area、Room），前面已将导线分为电源类和信号类两类，所以这里选择按网表类方式进行自动布线，通过点击"Auto Route"→"Net Class…"菜单，打开"Choose Net Classes to Route"对话框，如图 2.78 所示，选择先对电源类布线，电源类布线完成

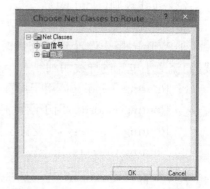

图 2.78　Choose Net Classes to Route 对话框

后,然后再对信号类布线。

(5) 信号类自动布线结束后,则提示信息为"… connections routed（100%）in 38 Seconds",则表明自动布线全部(100%)布通,如图 2.79 所示。如果不是全部布通,提示信息 "Failed to complete…"后的数字表明没有布通的网表数,这时可以重新调整元器件的位置重新自动布线,或采用手工布线方式把未布通的网表布通。

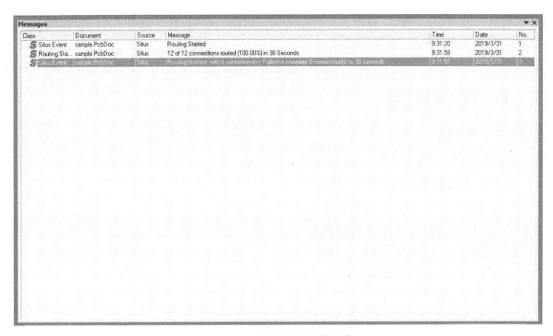

图 2.79　布线结果信息提示框

(6) 自动布线全部布通后的结果如图 2.80 所示。

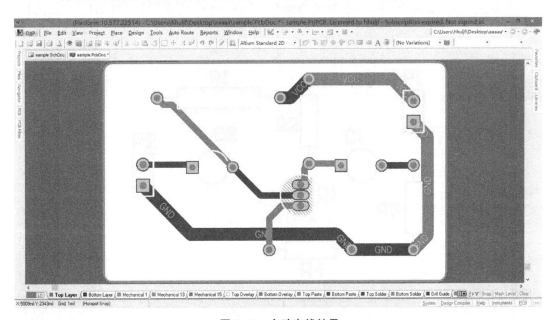

图 2.80　自动布线结果

3. 手工布线

Altium Designer 10 提供了很多手工布线工具,使得布线工作非常方便。尽管有自动布线,但在自动布线前,还需要手工完成元器件布局或布线不成功时需进行的手工调整等操作。

4. 3D 显示效果

Altium Designer 10 拥有对 PCB 进行 3D 显示功能,可以显示 PCB 的三维立体效果,3D 效果图可以随意旋转、缩放,这样在设计阶段把一些错误修正,从而缩短 PCB 的设计周期和设计成本。通过点击"View"→"Switch To 3D…"菜单,或按键盘数字键 3 进入 3D 效果显示;通过点击"View"→"Switch To 2D…"菜单,或按键盘数字键 2 退出 3D 效果显示。

2.4.12　PCB 布线工具

1. 交互布线

通过点击"Place"→"Interactive Routing"菜单,或点击工具栏中 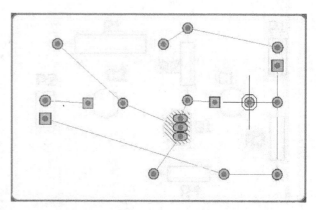 按钮,进入交互式布线状态,这时光标变成"十"字状,将光标移动到布线网络的起点,这时光标"十"字状中心将会出现一个八角空心符号,表明此处单击鼠标左键会形成有效的电气连接,如图 2.81 所示。单击鼠标左键开始布线,在布线过程中按下键盘"Tab"键,弹出"Interactive Routing For Net"对话框,如图 2.82 所示。

图 2.81　八角空心符号(十字光标中心)

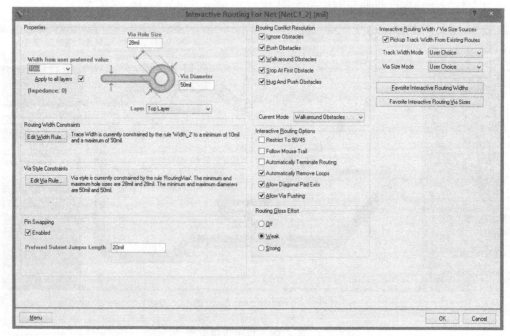

图 2.82　Interactive Routing For Net 对话框

该对话框可以对导线宽度、所在层面、过孔的内外径、所属层等属性进行设置。

2. 放置焊盘

通过点击"Place"→"Pad"菜单，或点击工具栏中 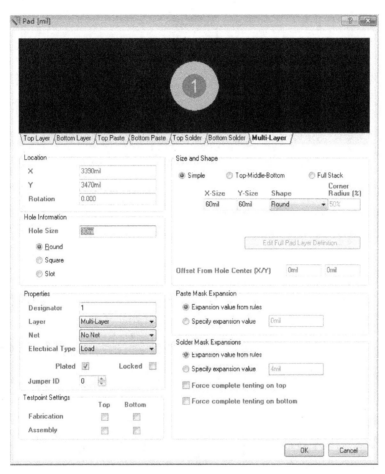 按钮，进入放置焊盘状态，这时光标变成"十"字状，并且带有焊盘符号，将光标移动到所需放置位置，单击鼠标左键放置一个焊盘。在放置焊盘状态下，按下键盘"Tab"键，弹出焊盘属性对话框，如图 2.83 所示。

图 2.83　焊盘属性对话框

该对话框可以对焊盘的中心坐标、形状、尺寸、内外孔径、所属层等属性进行设置。

3. 放置过孔

通过点击"Place"→"Via"菜单，或点击工具栏中 按钮，进入放置过孔状态，这时光标变成"十"字状，并且带有过孔符号，将光标移动到所需放置位置，单击鼠标左键放置一个过孔。在放置过孔状态下，按下键盘"Tab"键，弹出过孔属性对话框，如图 2.84 所示。

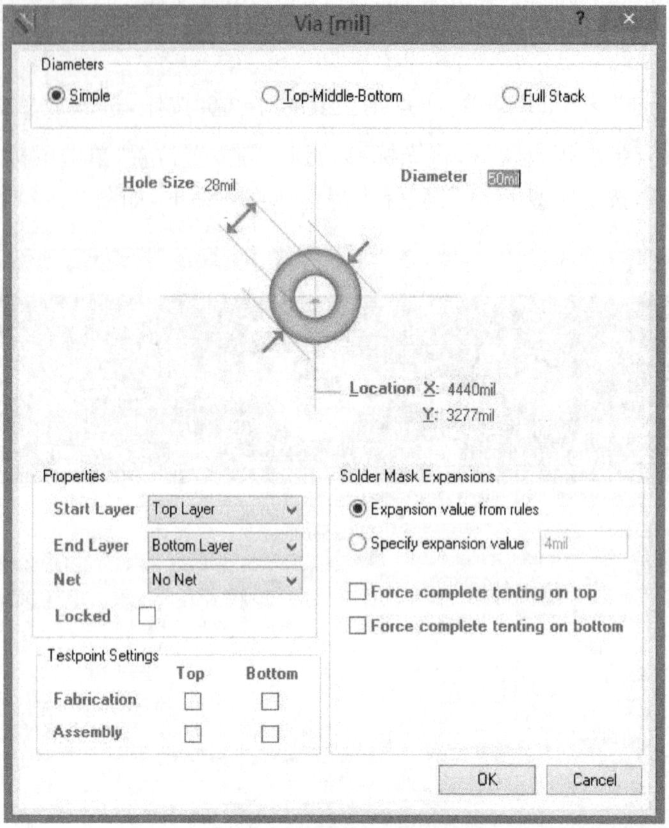

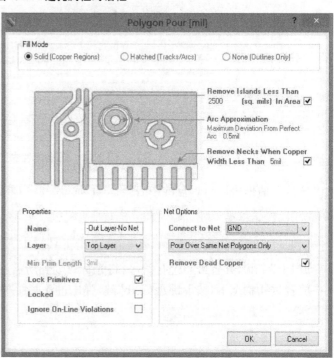

图 2.84　过孔属性对话框

该对话框可以对过孔的形状、尺寸、内外孔径、所属层等属性进行设置。

4. 放置覆铜

为了增强系统的抗干扰能力，需要对地线大面积覆铜，同时覆铜还可以使 PCB 承载更大的电流。通过点击"Place"→"Polygon Pour…"菜单，或点击工具栏中██ 按钮，进入覆铜属性对话框，如图 2.85 所示。

点击"OK"按钮后，在相应层面上单击鼠标左键选择覆铜的边界各顶点，选择完成后单击鼠标右键进行覆铜，用同样方法再将其他层覆铜，顶层覆铜后如图 2.86 所示。

图 2.85　覆铜属性对话框

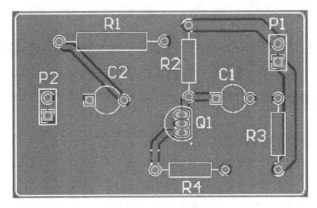

图 2.86　顶层覆铜

2.4.13　创建库

Altium Designer 10 自带的元器件库包含了全世界众多厂商的多种元器件,由于电子技术的不断发展,新的元器件不断出现,Altium Designer 10 的元器件库不可能完全包含项目所需要的所有的元器件,因而,Altium Designer 10 提供了创建新元器件库的功能。

1. 创建原理图元器件库

(1) 通过点击"File"→"New"→"Library"→"Schematic Library"菜单,新建一个原理图元器件库文件,并打开原理图元器件库文件编辑环境,如图 2.87 所示。默认原理图元器件库名称为"Schlib1. SchLib",点击工具栏中 ![按钮] 按钮保存新建原理图元器件库文件,可对库文件名进行修改后保存。

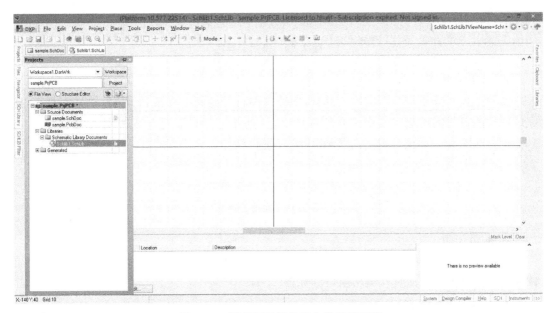

图 2.87　原理图元器件库文件编辑环境

（2）原理图元器件库文件编辑环境

① 主菜单栏

在原理图元器件库文件编辑环境中的主菜单栏可对原理图元器件库文件进行打开、编辑、查看和放置等操作。主菜单栏如图 2.88 所示。

图 2.88　主菜单栏

② 标准工具栏

标准工具栏可以完成对文件的操作，如打印、复制、粘贴、查找等。与其他 Windows 操作软件一样，使用该工具栏对文件进行操作时，只需选择对应操作的图标单击即可，标准工具栏如图 2.89 所示。如果要打开或关闭标准工具栏，可在"View"→"Toolbars"菜单中点击"Schematic Standard"项进行操作。

图 2.89　标准工具栏

③ 模式工具栏

模式工具栏用于控制当前元器件的显示模式，一种元器件可以有多种显示模式，可以为已有的元器件符号添加新的显示形式。➕ 和 ➖ 用于为当前元器件添加和删除一种显示模式；⬅ 和 ➡ 用于当前元器件前一种和后一种显示模式的切换，模式工具栏如图 2.90 所示。如果要打开或关闭模式工具栏，可在"View"→"Toolbars"菜单中点击"Mode"项进行操作。

图 2.90　模式工具栏

④ 实用工具栏

实用工具栏提供了两个实用工具箱，即原理图符号绘制工具箱和 IEEE 符号工具箱，用于完成原理图符号的绘制。实用工具栏如图 2.91 所示。如果要打开或关闭实用工具栏，可在"View"→"Toolbars"菜单中点击"Utilities"项进行操作。

图 2.91　实用工具栏

⑤ 编辑窗口

编辑窗口被十字形坐标轴划分为 4 个象限，坐标轴的交点即为窗口的原点，一般绘制元器件时将元器件的原点放置在编辑窗口的原点。

⑥ SCH Library 面板

该面板用于对原理图元器件库的编辑进行管理，面板控制中心如图 2.92 所示。

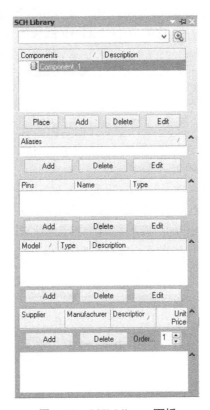

图 2.92　SCH Library 面板

a. 元器件列表栏

在该栏中列出了当前打开的原理图元器件库中所包含的元器件,包括元器件的 Components(名称)和 Description(描述)。"Place"按钮用于将选中的元器件在当前编辑窗口中打开;"Add"按钮用于向该原理图元器件库中添加一个新元器件;"Delete"按钮用于将选中的元器件从该原理图元器件库中删除;"Edit"按钮用于打开选中元器件的属性编辑框。

b. 引脚列表栏

在该栏中列出了原理图元器件库中选中的元器件所有引脚和属性。"Add"按钮用于向该元器件添加一个引脚;"Delete"按钮用于将元器件选中的引脚删除;"Edit"按钮用于打开元器件选中的引脚属性编辑框。

c. 模型栏

在该栏中列出了原理图元器件库中选中元器件其他模型,如 PCB 封装模型、信号完整性分析模型和 VHDL 模型等。

(3) 原理图元器件库创建元器件

如果在项目设计过程中需要用到的元器件,在 Altium Designer 10 自带的元器件库找不到类似的元器件,这时就需要创建一个元器件,例如要创建器件 LM555,步骤如下:

① 创建一个元器件

通过点击"File"→"New"→"Library"→"Schematic Library"菜单,新建一个原理图元器件库文件,并自动在原理图元器件库中创建第一个元器件"Component_1"和打开该元器件编辑环境,原理图元器件库的默认名称为"Schlib1.SchLib",如图2.87所示。如果需要在该原理图元器件库中再次创建元器件,可在SCH Library面板的元器件列表栏的下方点击"Add"按钮,或通过点击"Tools"→"New Component"菜单,在弹出的新创建元器件名称对话框中可对默认名称重新命名。

② 绘制元器件外形

单击实用工具栏 下拉按钮,在弹出的工具栏中点击 按钮,或通过点击"Place"→"Rectangle"菜单,绘制元器件外形框,如图2.93所示。双击元器件外形框,弹出属性对话框,可对元器件外形框进行设置,如图2.94所示。

如果绘制的元器件外形框大小不合适,可先用鼠标左键选中该元器件外形框(元器件外形框四周会出现绿色小正方形定位符),将鼠标移动到绿色小正方形定位符上,当鼠标变为两个方向箭头时,按住鼠标左键不松开并拖动,可以调整元器件外形框大小;当鼠标变为四个方向的箭头时,按住鼠标左键不松开并拖动,可以移动元器件外形框。

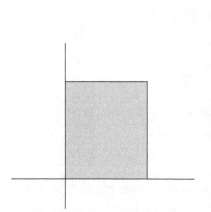

图2.93 绘制的元器件外形框　　　　图2.94 元器件外形框属性对话框

③ 放置引脚

单击实用工具栏 下拉按钮,在弹出的工具栏中点击 按钮,或通过点击"Place"→"Pin"菜单,放置元器件引脚,在元器件引脚未被放置前按键盘"Tab"键,或放置好后对元器件引脚符号双击鼠标左键,弹出引脚的属性对话框,如图2.95所示。

对话框部分栏目含义:

Display Name:引脚显示名称。如显示名称中带有上划线字母,可在字母后面加上"\\"实现;

Designator:引脚编号;

Electrical Type:引脚描述信息;

Symbols:设置引脚的输入/输出符号;

Location:引脚X方向和Y方向的位置;

Orientation:引脚方向;

放置引脚,修改好引脚属性,如图2.96所示。

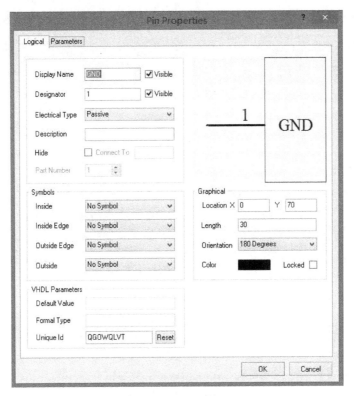

图 2.95　引脚属性对话框

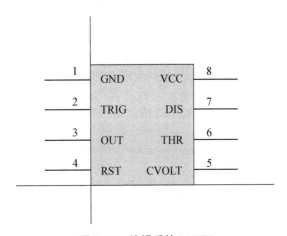

图 2.96　编辑后的 LM555

④ 设置元器件属性

在 SCH Library 面板的元器件列表栏选中元器件"Component_1"并双击鼠标左键,或点击"Edit"按钮,或通过点击"Tools"→"Component Properties…"菜单,打开元器件"Component_1"属性对话框,对属性对话框进行设置,如图 2.97 所示。

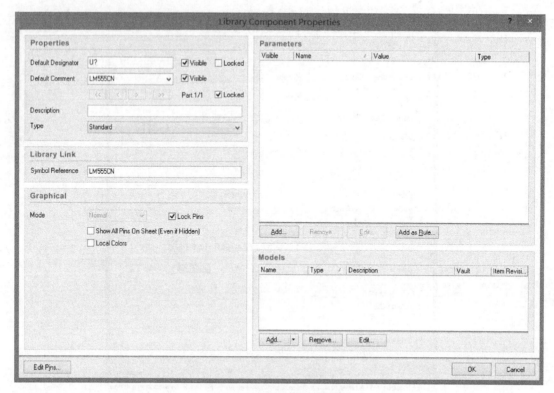

图 2.97　元器件属性对话框

　　将编辑好的原理图库保存,在原理图编辑环境中对元器件"LM555CN"进行放置,如图 2.98 所示。

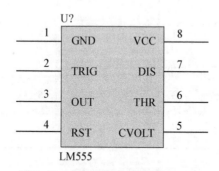

图 2.98　在原理图中放置 LM555CN

2. 创建 PCB 元器件库

　　(1) 通过点击"File"→"New"→"Library"→"PCB Library"菜单,新建一个 PCB 元器件库文件,并打开 PCB 元器件库文件编辑环境,如图 2.99 所示。默认 PCB 元器件库名称为"Pcblib1. PcbLib",点击工具栏中 按钮保存新建 PCB 元器件库文件,可对库文件名进行修改后保存。

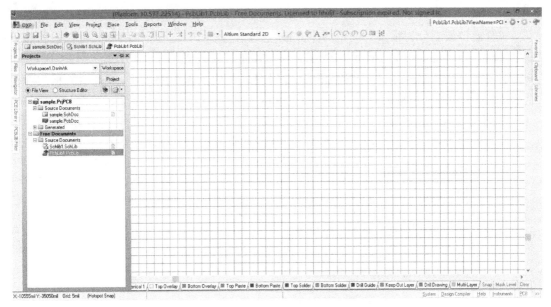

图 2.99　PCB 元器件库文件编辑环境

（2）PCB 元器件库文件编辑环境

① 主菜单栏

在 PCB 元器件库文件编辑环境中的主菜单栏可对 PCB 元器件库文件进行打开、编辑、查看和放置等操作。主菜单栏如图 2.100 所示。

图 2.100　主菜单栏

② 标准工具栏

标准工具栏可以完成对文件的操作，如打印、复制、粘贴、查找、网格大小设置、2D/3D 显示切换等。与其他 Windows 操作软件一样，使用该工具栏对文件进行操作时，只需选择对应操作的图标单击即可，标准工具栏如图 2.101 所示。如果要打开或关闭标准工具栏，在"View"→"Toolbars"菜单中点击"PCB Lib Standard"项进行操作。

图 2.101　标准工具栏

③ 实用工具栏

实用工具栏主要提供了绘制 PCB 元器件库时所需要的图形表达形式，包括 PCB 元器件边框线的绘制、放置焊盘、放置文本标识和各种曲线边框绘制等。实用工具栏如图 2.102 所示。如果要打开或关闭实用工具栏，在"View"→"Toolbars"菜单中点击"PCB Lib Placement"项进行操作。

图 2.102　实用工具栏

④ 编辑窗口

编辑窗口被划分为很多等间距的小方格,这样在进行 PCB 元器件绘制时可以进行较好的定位;按住"Ctrl"键,并滑动鼠标滚轮可对工作区进行放大或缩小,以方便绘制 PCB 元器件。编辑窗口下方是板层标签,用于切换 PCB 编辑窗口中当前显示的板层,所选中的板层颜色将显示在最前端,用户的操作均在当前的板层进行。

⑤ PCB Library 面板

该面板用于对 PCB 元器件库的编辑进行管理,面板控制中心如图 2.103 所示。

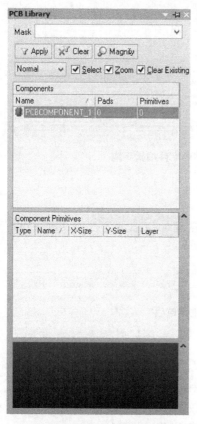

图 2.103　PCB Library 面板

图 2.104　元器件列表区域快捷菜单

a. 元器件列表栏

在该栏中列出了当前打开的 PCB 元器件库中所包含的元器件,包括元器件的封装 Name(名称)和 Pads(焊盘数量)等描述。在元器件列表区域内单击鼠标右键,弹出快捷菜单,如图 2.104 所示。该菜单可对 PCB 元器件库进行添加新元器件、删除已有元器件、编辑元器件的属性等操作。

b. 元器件的图元

在该栏中列出了 PCB 元器件库中选中元器件所包含的各种图元信息,包括元器件的边框和焊盘信息等。

c. 元器件的预览区

在该区域中,可以看到 PCB 元器件在 PCB 编辑器中的预览效果。

（3）PCB 元器件库创建元器件

如果在项目设计过程中需要用到的 PCB 元器件封装，在 Altium Designer 10 自带的元器件库找不到类似的元器件封装，这时就需要创建一个 PCB 元器件封装，例如要创建元器件 LM555 的 DIP 封装，步骤如下：

① 创建一个 PCB 元器件封装

通过点击"File"→"New"→"Library"→"PCB Library"菜单，新建一个 PCB 元器件库文件，并自动在 PCB 元器件库中创建第一个元器件封装"PCB Component_1"并打开该元器件封装编辑环境，PCB 元器件库的默认名称为"PcbLib1. PcbLib"，如图 2.99 所示。如果需要在该 PCB 元器件库中再次创建元器件封装，可在 PCB Library 面板的元器件列表栏区域单击鼠标右键，在弹出快捷菜单中点击"New Blank Component"菜单，或通过点击"Tools"→"New Blank Component"菜单，可以新创建一个元器件封装。

② 放置焊盘

在 PCB 元器件库文件编辑环境下方的板层标签中选中"Top Layer"层，单击实用工具栏 按钮，或通过点击"Place"→"Pad"菜单，进入放置焊盘状态，这时光标变成"十"字状，并且带有 符号，将光标移动到所需放置的位置，单击鼠标左键放置一个焊盘。图 2.105 表示所有焊盘放置完成的情形。

可对焊盘的属性进行设置当前光标所带有放置 PCB 元器件封装焊盘，在放置焊盘时要测量并确认每列焊盘中相邻焊盘的中心孔距和两列焊盘的中心孔距与元器件的实际尺寸是否相符，否则 PCB 制造出来后，会出现实际元器件引脚与 PCB 中元器件封装不相符而无法装配的情况。孔距测量可通过点击"Reports"→"Measure Distance"菜单，或按住键盘"Ctrl"键不松开，再按"M"键，这时鼠标变成"十"字形，将鼠标移动到测量起点位置单击鼠标左键，然后移动鼠标到测量终点位置再次单击鼠标左键。这时会弹出测量结果信息框显示孔距测量的实际距离。

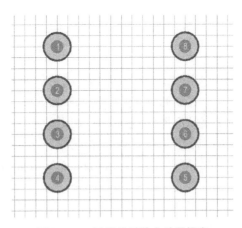

图 2.105　元器件封装中放置焊盘

在放置焊盘状态下，按下键盘"Tab"键，或对已放置好的焊盘双击鼠标左键，弹出焊盘属性设置对话框，如图 2.106 所示。

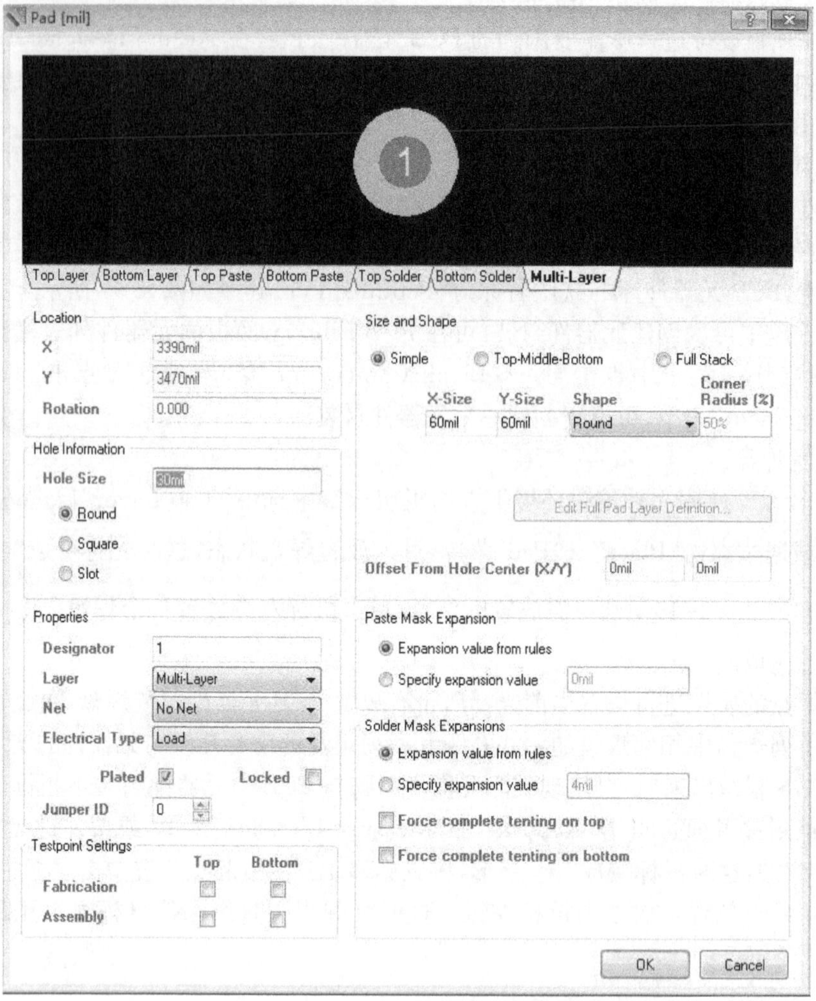

图 2.106　焊盘属性设置对话框

对话框部分栏目含义：

Designator：焊盘编号；

Hole Information：对焊孔各属性进行设置。Hole Size 代表设置焊孔直径；单选框 Round、Square 和 Slot 分别代表圆形焊孔、方形焊孔和无焊孔；

Size and Shape：对焊盘各属性进行设置。单选框 Simple、Top-Middle-Bottom 和 Full Stack 分别代表单层设置、三层设置和不设置；X-Size 和 Y-Size 用于设置焊盘 X、Y 方向的尺寸；Shape 表示焊盘的形状；

③ 绘制 PCB 元器件封装外形

在 PCB 元器件库文件编辑环境下方的板层标签中选中"Top Overlay"层，单击实用工具栏 ▨ 按钮，或通过点击"Place"→"Line"菜单，绘制元器件封装外形，如图 2.107 所示。

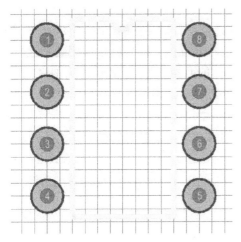

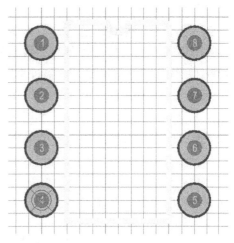

图 2.107　绘制的元器件封装外形　　　　图 2.108　设置 4 号引脚为参考点

④ 放置元器件封装参考点

在 PCB 设计中,常用鼠标拖动一个元器件封装来调整其放置位置,拖动时鼠标会变成"十"字形,"十"字形的中心位置位于元器件封装参考点位置,在绘制元器件封装时可设定参考点位置,这样可以方便元器件封装拖动过程中的定位。通过点击"Edit"→"Set Reference"菜单,下面有三个子菜单:Pin1、Center 和 Location,分别代表将 1 号焊盘、整个元器件封装图形的中心点或指定位置(通过点击鼠标左键)作为参考点,这里选择 Location,并用鼠标左键点击 4 号焊盘,如图 2.108 所示,4 号焊盘位置上出现参考点标志:一个圆圈和交叉十字。

⑤ 放置元器件封装属性

在 PCB Library 面板的元器件列表栏内选中元器件"Component_1"并双击鼠标左键,或通过点击"Tools"→"Component Properties…"菜单,打开元器件"PCBComponent_1"属性对话框,对属性对话框进行设置,如图 2.109 所示。

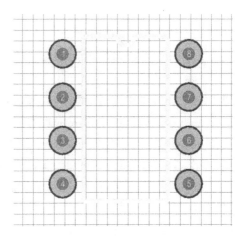

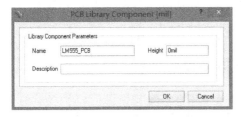

图 2.109　元器件封装属性对话框　　　图 2.110　PCB 中放置的"LM555_PCB"封装

将编辑好的 PCB 元器件库保存,在 PCB 编辑环境中对元器件封装"LM555_PCB"进行放置,如图 2.110 所示。

3. 生成集成库

无论是原理图元器件库还是 PCB 元器件库,两者都是分别存在的,在进行 PCB 工程设计时需要同时使用原理图元器件库和 PCB 元器件库,而 Altium Designer 10 中使用的是元器件集成库,是将原理图元器件库和 PCB 元器件库组合成一体的元器件库,即集成库。这时就需要将前面创建的原理图元器件库和 PCB 元器件库生成一个集成库,例如生成元器件 LM555 的集成库。

(1) 通过点击"File"→"New"→"Project"→"Integrated Library"菜单,新建一个集成库项目,默认集成库项目名称为"Integrated_Library1. LibPkg",点击工具栏中 ▦ 按钮保存新建集成库项目,可对库项目名进行修改后保存。

(2) 在"Project"面板中,选中"Integrated_Library1. LibPkg"集成库项目,单击鼠标右键,弹出集成库快捷菜单,如图 2.111 所示。

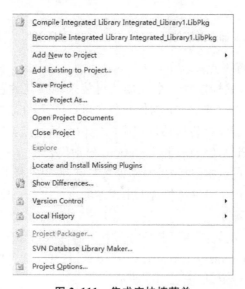

图 2.111 集成库快捷菜单

(3) 在集成库快捷菜单中点击"Add Existing to Project…"菜单,分别为集成库项目添加前面已编辑好的原理图元器件库文件"Schlib1. SchLib"和 PCB 元器件库文件"Pcblib1. PcbLib",添加完成后的集成库项目"Project"面板如图 2.112 所示。如果没有事先编辑好原理图元器件库文件和 PCB 元器件库,可在集成库快捷菜单中点击"Add New to Project"菜单后的子菜单,分别为集成库项目新建原理图元器件库文件和 PCB 元器件库文件,库文件的编辑和前面相同,这里不再赘述。

(4) 双击集成库项目"Project"面板中的"Schlib1. SchLib",打开"Schlib1. SchLib"原理图库文件编辑窗口,在 SCH Library 面板的元器件列表栏中选中"LM555CN"元器件,通过点击"Tools"→"Model Manager…"菜单,或点击工

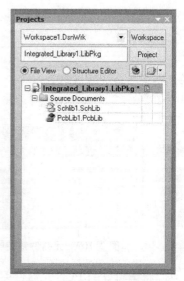

图 2.112 集成库快捷菜单

具栏中 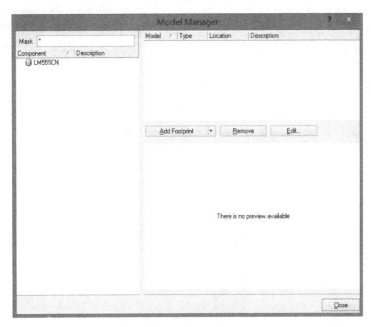 按钮，弹出模型管理器对话框，如图 2.113 所示。

图 2.113　模型管理器

（5）在该对话框的元器件列表框内选中元器件"LM555CN"，点击"Add Footprint"下拉框，在弹出的下拉列表中点击"Footprint"选项，为元器件"LM555CN"添加一个 PCB 封装，弹出 PCB 封装模型对话框，如图 2.114 所示。

图 2.114　PCB 封装模型对话框

（6）在该对话框中点击"Browse…"按钮，弹出封装库浏览对话框，如图 2.115 所示。

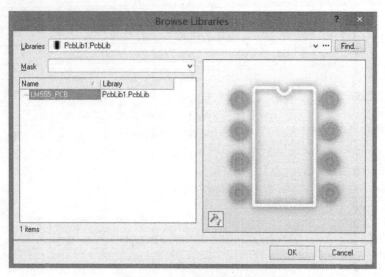

图 2.115　封装库浏览对话框

（7）在该对话框的"Libraries"栏中点击 ∨ 下拉按钮，从下拉选项中选择 PCB 元器件封装所在 PCB 库文件（如果下拉选项中没有所需要的 PCB 库文件，则需点击"…"按钮将 PCB 元器件库文件添加进来），然后在下方的 PCB 元器件封装列表中选中"LM555_PCB"，点击"OK"按钮完成选择。此时，PCB 封装模型对话框中将显示选择的 PCB 元器件封装名和预览，如图 2.116 所示。

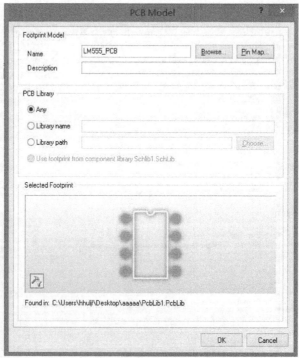

图 2.116　封装库浏览对话框

（8）如果想更改和确认原理图元器件引脚和 PCB 元器件封装引脚的对应关系，可在该对话框中点击"Pin Map…"按钮，弹出引脚的对应关系对话框，如图 2.117 所示。

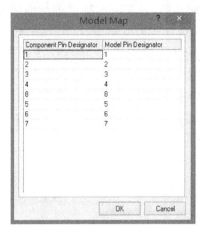

图 2.117　封装库浏览对话框

（9）在 PCB 封装模型对话框中点击"OK"按钮，这时模型管理器出现元器件"LM555CN" PCB 封装和预览，如图 2.118 所示。点击"Close"按钮关闭模型管理器对话框，完成对元器件 "LM555CN"PCB 封装设置。

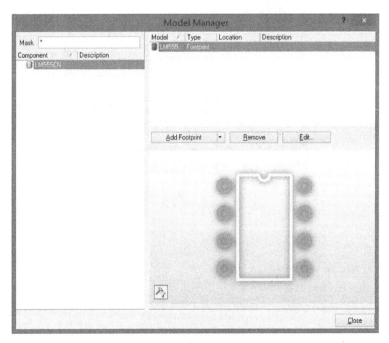

图 2.118　模型管理器

（10）保存集成库项目"Integrated_Library1. LibPkg"。如果在原理图元器件库文件中有多个元器件，可为每个元器件依次设置 PCB 元器件封装，设置过程与元器件"LM555CN"相同。

(11) 在"Project"面板中选中"Integrated_Library1. LibPkg"集成库项目,单击鼠标右键,弹出集成库快捷菜单,如图 2.111 所示。在快捷菜单中点击"Compile Integrated Library Integrated_Library1. LibPkg"菜单,对集成库项目进行编译并生成集成库文件"Integrated_Library1. IntLib",该文件自动保存在集成库项目"Integrated_Library1. LibPkg"所在路径内的文件夹"Project Outputs for Integrated_Library1"里。将集成库"Integrated_Library1. IntLib"添加到原理图编辑环境下当前库中,可看到在库中选中原理图元器件"LM555CN",下方同时显示出原理图元器件和 PCB 封装,如图 2.119 所示。

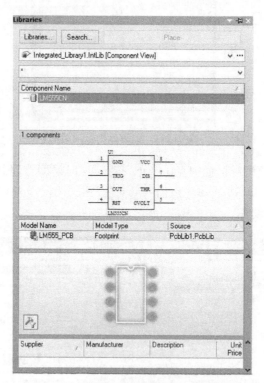

图 2.119　集成库中元器件"LM555CN"

第3章 印制电路板的制作与装配

PCB 设计好后,就要开始进行 PCB 制作,同时还要购买所需的元器件。PCB 制作好后就要将采购来的元器件在 PCB 板上进行装配、调试,调试通过后就可以进行批量生产了。

3.1 PCB 的制作

PCB 一般都是送到工厂去进行加工,但加工周期通常要 3～5 天,如果需要快速加工出 PCB 板子,可采用蚀刻法或雕刻法。蚀刻法是利用化学腐蚀的方法来去除 PCB 上不需要的铜箔,这种方法制作 PCB 板速度较快,但工艺流程多而复杂,且会产生过腐蚀和大量有腐蚀性的液体。

雕刻法是利用 PCB 雕刻机,按照设计好的加工文件,采用机械加工的方法,用雕刻刀去除 PCB 上不需要的铜箔,留下需要保留的电路和焊盘。这种方法因每次只能雕刻一块 PCB,所以速度不如蚀刻法快,但产生的只有铜粉末,因而对环境没有污染。

3.1.1 线路板雕刻机

线路板雕刻机可根据 PCB 设计软件(如 Altium Designer)设计的 PCB 文件自动、快速、精确地制作单、双面 PCB。用户只需在计算机上完成 PCB 文件设计并根据其生成加工文件后,通过 RS-232 或 USB 通讯接口传送给刻制机的控制系统,刻制机就能快速的自动完成钻孔、雕刻、割边等功能,制作出一块精美的线路板来。

线路板雕刻机(HW)是一种机电、软件、硬件互相结合的产品。它利用物理雕刻过程,通过计算机控制,在空白的覆铜板上把不必要的铜箔铣去,形成用户定制的线路板。使用简单、精度高、省时、省料。线路板雕刻机整机外形如图 3.1 所示。

线路板雕刻机控制面板如图 3.2 所示。控制面板各部分含义:

图 3.1 线路板雕刻机整机外形

① 主轴启停开关:启动/停止主轴电机;

② 设原点开关:将当前位置设为原点(钻头的原点);

③ X、Y 轴粗调开关:X、Y 轴方向位置快速移动钻头;

④ Z 轴粗调开关:Z 轴方向位置快速移动钻头;

⑤ 回原点开关:X、Y、Z 轴回到设置的原点位置(钻头的原点);

⑥ Z 轴微调、试调旋钮:左旋,Z 轴向下 0.01 mm/格;右旋,Z 轴向上 0.01 mm/格;按下进行试雕(钻头画四方形);

⑦ 保护复位钮:当 X、Y、Z 超限保护后,需按下保护复位钮,同时移动 X、Y、Z 位置回到正

常位置；

⑧ 电源保险丝：当电源保险丝损坏时，取出如图 3.3 所示的电源（⑧）的保险丝，进行更换。（在关闭电源时，延时 30 s 后再打开电源开关，可以延长保险丝的使用寿命）

图 3.2　线路板雕刻机控制面板

图 3.3　保护复位钮及保险丝

3.1.2　准备制造文件

PCB 文件设计好后，需将 PCB 文件转换为线路板雕刻机可执行的加工文件（Gerber 文件），用来驱动线路板雕刻机刻制出需要的电路板。Altium Designer 等软件均自带了自动转换 Gerber 文件功能。线路板雕刻机以 PCB 中的 KeepOut 层为加工边界，在用 PCB 文件转换为 Gerber 文件前，确保 PCB 文件已在 KeepOut 层绘制边界。

1. 在 Altium Designer 10 软件中由 PCB 文件转换为标准 Gerber 加工文件的过程为：

（1）打开需加工的 PCB 工程，打开 PCB 文件并处于 PCB 编辑器窗口下，通过点击"File"→"Fabrication Outputs"→"Gerber Files"菜单，进入光绘文件设定对话框，如图 3.4 所示。

该对话框含有 5 个选项卡，用于设置 Gerber 文件的精度和输入板层等参数。选中"General"标签，如图 3.4 所示。将"Units"栏设置为"Millimeters"作为度量单位，"Format"栏设置置为"4：4"。

（2）选中"Layers"标签，在该对话框中选择输出的层，一次选中需要输出的所有的层（Top Layer、Bottom Layer、Keep-Out Layer），并保持右边镜像栏的所有层为未选中状态，如图 3.5 所示。

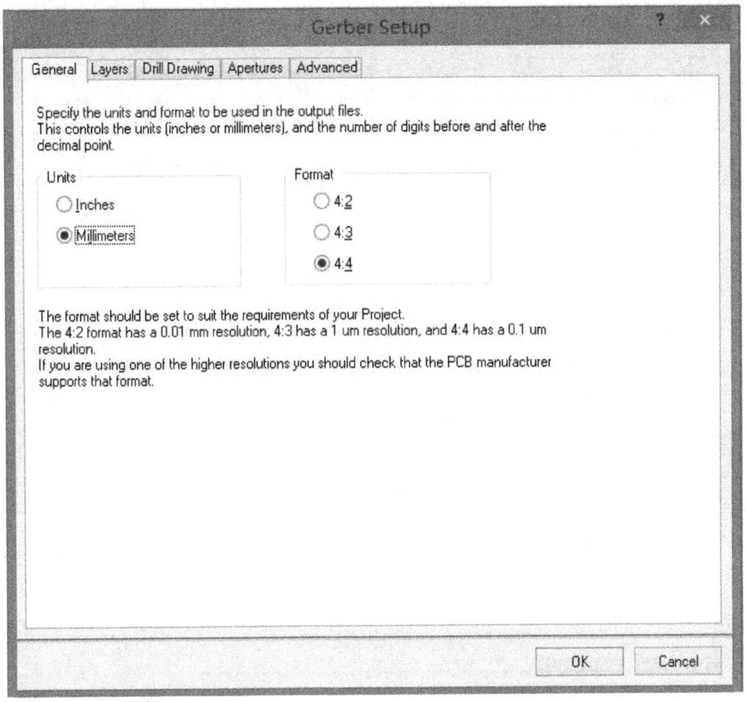

图 3.4　光绘文件设定对话框

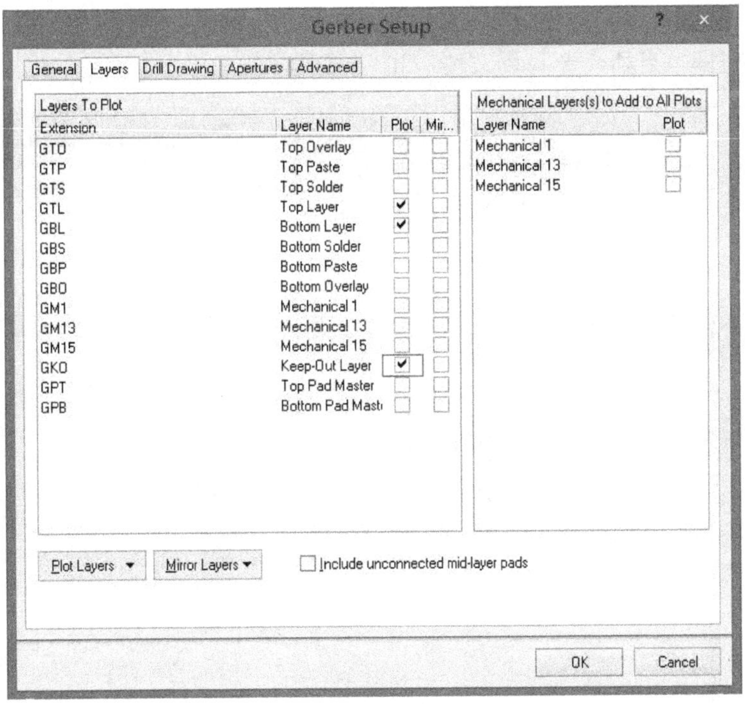

图 3.5　光绘文件设定对话框“Layers”标签

（3）选中"Drill Drawing"标签，取消其中所有选中项目，如图 3.6 所示。

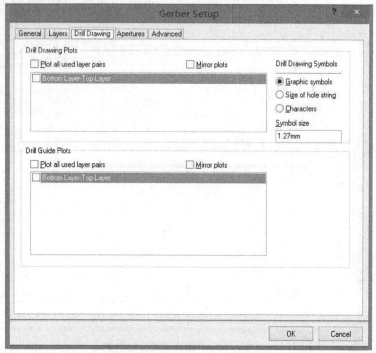

图 3.6　光绘文件设定对话框"Drill Drawing"标签

（4）选中"Apertures"标签，然后选择"Embeded Apertures（RS274X）"，这时系统将在输出加工数据文件时，自动产生 D 码文件，如图 3.7 所示。

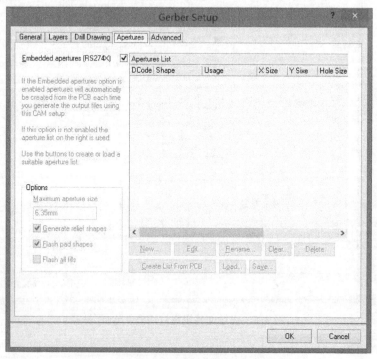

图 3.7　光绘文件设定对话框"Apertures"标签

（5）选中"Advanced"标签，在"Other"栏中，选中"Use software arcs"，其余采用默认设置，如图 3.8 所示。

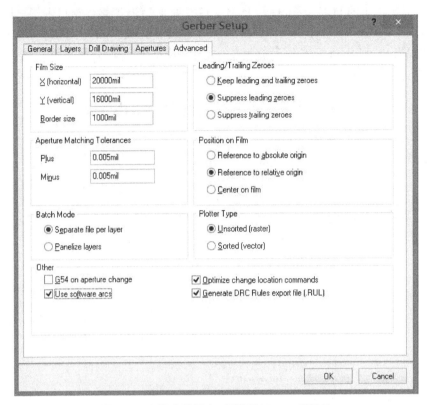

图 3.8　光绘文件设定对话框"Advanced"标签

（6）设置完毕后，点击"OK"按钮，系统输出各层的 Gerber 文件，同时启动 CAMtastic1，以图形方式显示这些文件。本设备需要三个 Gerber 文件：顶层文件（∗.gtl）、底层文件（∗.gbl）、禁止布线层文件（∗.gko），都自动保存在当前 PCB 文件的目录下，如图 3.9 所示。至此，各层加工文件输出完毕。

名称	修改日期	类型	大小
sample.apr	2019/4/6 9:30	CAMtastic Apert...	1 KB
sample.DRL	2019/4/6 9:58	CAMtastic NC D...	1 KB
sample.DRR	2019/4/6 9:58	Altium NC Drill R...	1 KB
sample.EXTREP	2019/4/6 9:30	EXTREP 文件	1 KB
sample.GBL	2019/4/6 9:30	CAMtastic Botto...	9 KB
sample.GKO	2019/4/6 9:30	CAMtastic Keep...	1 KB
sample.GTL	2019/4/6 9:30	CAMtastic Top L...	10 KB
sample.LDP	2019/4/6 9:58	LDP 文件	1 KB
sample.REP	2019/4/6 9:30	Report File	2 KB
sample.RUL	2019/4/6 9:30	RUL 文件	1 KB
sample.TXT	2019/4/6 9:58	文本文档	1 KB
sample-macro.APR_LIB	2019/4/6 9:30	APR_LIB 文件	0 KB
Status Report.Txt	2019/4/6 9:58	文本文档	1 KB

图 3.9　各层的 Gerber 文件

2. 下面还需输出钻孔加工文件,在 Altium Designer 10 软件中由 PCB 文件转换输出钻孔加工文件过程为:

(1) 打开需加工的 PCB 工程,打开 PCB 文件并处于 PCB 编辑器窗口下,通过点击"File"→"Fabrication Outputs"→"NC Drill Files"菜单,进入钻孔文件设定对话框,在对话框中,将"Units"栏设置为"Millimeters"作为度量单位,"Format"栏设置为"4∶4","Leading/Trailing Zeroes"栏设置为"Suppress trailing zeroes"抑制殿后零字符,如图 3.10 所示。

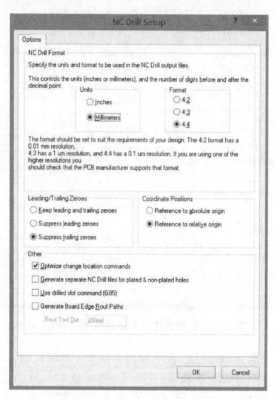

图 3.10 钻孔文件设定对话框

(2) 单击"OK"按钮,输出 NC 钻孔图形文件,加工所需的钻孔文件(后缀为 ∗.txt,)自动保存在当前 PCB 文件的目录下,如图 3.9 所示。

至此,雕刻机所有需要使用的制造文件已全部输出完毕,将制造文件导入雕刻机的电脑中进行 PCB 的雕刻制作。

3.1.3 雕刻 PCB

雕刻 PCB 一般由固定电路板、选择雕刻刀具、安装雕刻刀具、倒入制造文件、雕刻向导设置、试雕和正式雕刻等几个部分组成。下面以雕刻单面 PCB 为例来说明雕刻过程。

1. 固定电路板

选取一块比设计线路板图尺寸略大一点(长、宽略多 0.5 厘米以上)的覆铜板,在无覆铜的一面贴上双面胶,双面胶贴时要注意贴匀,然后将覆铜板贴于线路板雕刻机工作平台板的适当位置,并均匀用力压紧、压平,如图 3.11 所示。

图 3.11　用双面胶粘贴覆铜板

2. 选择雕刻刀具

雕刻电路板需要使用三种雕刻刀具：雕刻刀、钻头和铣刀。雕刻刀是将 PCB 上不需要导电铜箔部分蚀刻掉，保留 PCB 上走线部分和焊盘，PCB 上保留的走线粗细（精度）与雕刻刀的规格有关，雕刻刀的规格有 0.1 mm、0.2 mm、0.3 mm 和 0.4 mm 等四种；规格越小精度越高；钻头是在 PCB 上进行非导通孔或导通孔的钻孔，钻头的规格按钻孔孔径大小分有 0.3 mm、0.4 mm、0.5 mm、0.6 mm、0.7 mm、0.8 mm、0.9 mm、1.0 mm 和 2.0 mm 九种；铣刀是用来对 PCB 割边使用，铣刀规格为 0.8 mm 和 3.0 mm 两种；0.8 mm 铣刀可以完成大于 0.8 mm 任何孔径的钻孔，可免去频繁更换刀具时间，提高工作效率；也可以在 PCB 雕刻完成后用裁板机来完成割板。雕刻刀和钻头如图 3.12 所示。根据 PCB 文件选择好所需要的雕刻刀具。

　　　(a)　雕刻刀　　　　　　　　　　　　(b)　钻头

图 3.12　雕刻刀具

3. 安装雕刻刀具

在 PCB 雕刻开始前，选取一种所需规格的雕刻刀具（雕刻刀、钻头和铣刀）进行安装，将雕刻刀具放入主轴电机下方夹具内，先用手对主轴电机夹具螺丝进行预拧紧，然后再使用扳手对主轴电机夹具螺丝进行拧紧，如图 3.13 所示。

当 PCB 雕刻完成或雕刻中途需要进行雕刻刀具更换时，按下主轴"启停开关"，关闭主轴电机，待主轴电机完全停止转动后（注意：在主轴电机未完全停止转动之前，请勿触摸夹头和刀具，以免造成人身伤害），用扳手按与安装雕刻刀具相反的方向对主轴电机夹具螺丝进行拧松即可拆卸雕刻刀具，如图 3.14 所示。

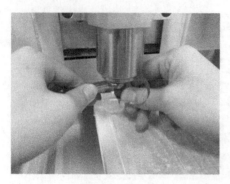 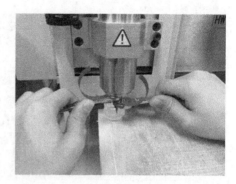

(a) 手工预拧紧   (b) 扳手拧紧

图 3.13　安装雕刻刀具

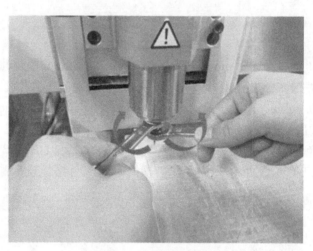

图 3.14　拆卸雕刻刀具

4. 导入制造文件

打开雕刻机电源开关,Z 轴会自动复位,此时主轴电机仍保持关闭状态,当按下主轴"启停开关"后,开启主轴电源,几秒钟后,电机转速稳定后即可开始加工。再次按下"启停开关"即可关闭主轴电机(注意:在主轴电机未完全停止转动之前,请勿触摸夹头和刀具,以免造成人身伤害)。

双击图标"　　",打开 Circuit Workstation(快速线路板刻制系统)软件,软件打开后的主界面如图 3.15 所示。

若雕刻机电源开关未打开或雕刻机未连接,会出现提示"设备无法连接,是否仿真运行?",点击"是",进入仿真状态,点击"否",重试连接,点击"取消",则直接退出软件运行。

通过点击"文件"→"打开"菜单,或点击工具栏上的　　按钮,弹出"制造文件导入"对话框,如图 3.16 所示。

根据所需加工的 PCB 类型选择单面板或双面板,若为单面板,需根据铜箔所在层设定铜箔在顶层还是在底层,该选项将决定钻孔的位置。在该对话框的"线路板类型"栏点击"单面

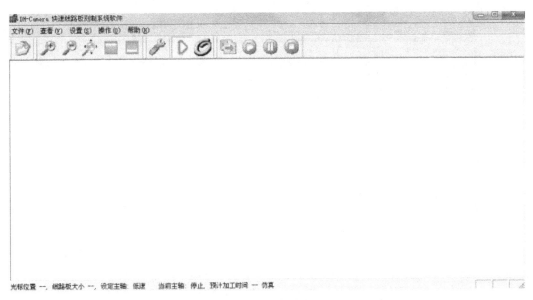

图 3.15　主界面

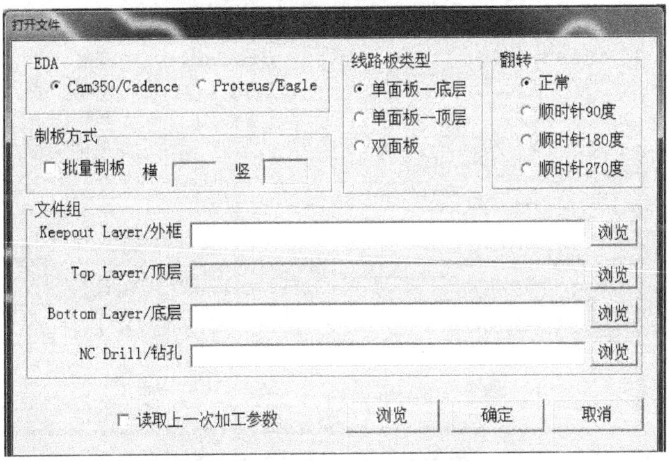

图 3.16　制造文件导入对话框

板—底层"单选按钮,再点击"文件组"栏中的任一"浏览"按钮,弹出"选择加工文件"对话框,如图 3.17 所示。

在该对话框定位到加工文件夹中后选择任意后缀名(GBL、GKO、GTL 或 TXT)的制造文件,如选择 sample.GKO,再点击"打开"按钮,在"制造文件导入"对话框将显示制造文件导入路径和文件名,如图 3.18 所示。

图 3.17　选择加工文件

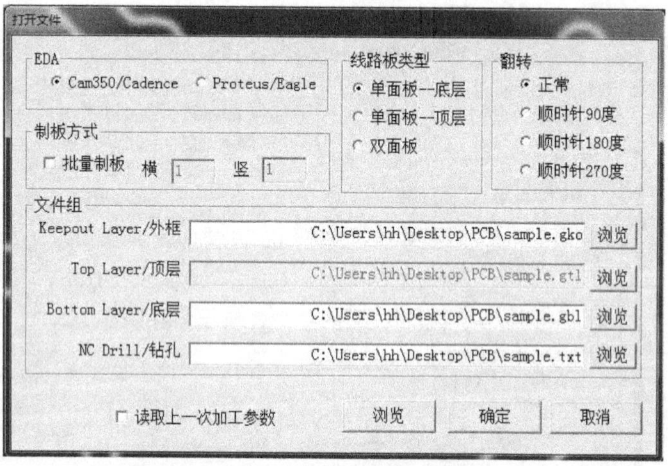

图 3.18　制造文件导入对话框

单击该对话框的"确定"按钮,可以看到制造文件已成功导入(一般情况下默认显示层为线路板底层),如图 3.19 所示。

在窗口下方的状态栏中,显示当前光标的坐标位置、线路板的大小信息、主轴电机的设定与当前状态,以及联机状态等信息。默认的单位为 mil,可以通过点击"查看"→"坐标单位切换"菜单将显示单位切换至 mm。如果打开过程出现异常提示,需检查 Gerber 文件转换设置是否正确。

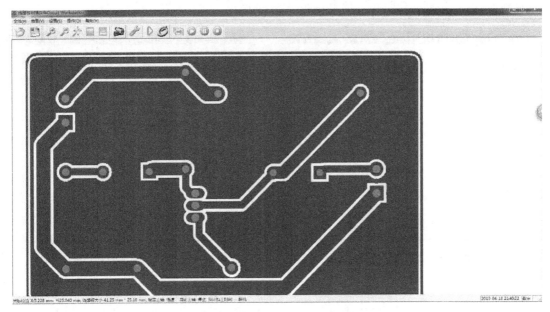

图 3.19　制造文件已成功导入后界面

5. 雕刻向导设置

在制造文件成功导入完成后，需要进行雕刻向导设置。通过点击"操作"→"向导"菜单，或点击工具栏上的 ⊞ 按钮，弹出雕刻"向导"设置对话框，如图 3.20 所示。

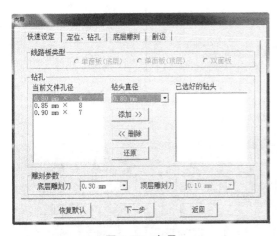

图 3.20　向导

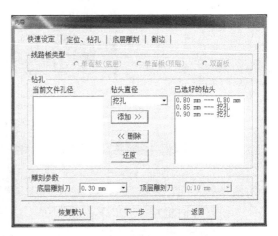

图 3.21　定位向导和钻孔标签

在该对话框中点击"底层雕刻"按钮，进入雕刻"向导"设置对话框的下一个对话框，在对话框中选择"快速设定"标签栏，可根据 PCB 的孔径大小配置不同的钻头类型(直径)。配置钻头类型的配置原则是向下取整，大于等于 0.9 mm 的孔径统一用挖孔刀。因当前 PCB 制造文件的孔径为 0.9 mm，在"钻头直径"栏选择"挖孔"，对话框的标签将变为"定位、钻孔"，如图 3.21 所示。

在该对话框中点击"底层/顶层雕刻"标签栏，在"雕刻模式"栏选择"常规雕刻"单选按钮，再在"刀具选择"栏配置当前雕刻刀规格(配置技巧：PCB 孔径种类越少，需要使用的挖孔刀数量就越少,PCB 雕刻的耗时相对越少),如图 3.22 所示。

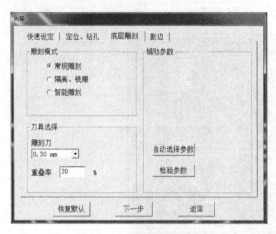

图 3.22　底层雕刻标签

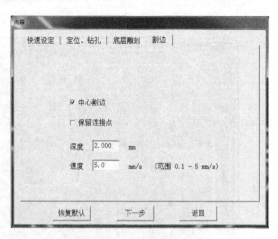

图 3.23　向导的割边标签

图 3.24　向导对话框

在该对话框中点击"割边"标签栏,选中"中心割边",其它默认即可,如图 3.23 所示。

在该对话框中点击"下一步",弹出雕刻"向导"设置对话框的下一个对话框,如图 3.24 所示。

在该对话框中勾选"预览"再点击"底层/顶层雕刻"按钮,显示预览路径规划,如图 3.25 所示。

如显示的预览路径规划不合适,可重复以上过程对雕刻向导进行重新设置。

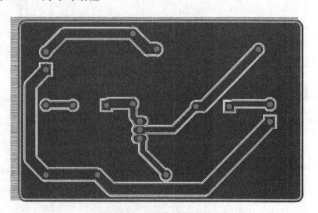

图 3.25　预览路径规划

6. 试雕和正式雕刻

在完成雕刻向导设置后,在雕刻机控制面板进行如下操作:

(1) 确保主轴电机已停止运转,如未停止请按下主轴"启停开关",关闭主轴电机,等待主轴电机完全停止转动(注意:在主轴电机未完全停止转动之前,切勿触摸夹头和刀具,以免造成人身伤害);

(2) 确认当前雕刻刀具是否正确(使用雕刻刀具的顺序:首先使用雕刻刀,再使用钻头,最后使用铣刀),如果雕刻刀具不正确,请按前文安装雕刻刀具部分进行更换;

(3) 在雕刻机控制面板上通过 X、Y 粗调按钮进行雕刻刀具的坐标原点设置(一般设置在电路板左下角位置),如图 3.26 所示。

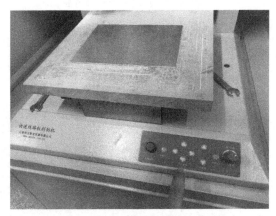

图 3.26　通过 X、Y 粗调按钮进行雕刻刀具的坐标原点设置

(4) 在雕刻刀具的坐标原点设置完成后,在原点位置调整雕刻刀具与电路板面的接触紧密程度,先通过 Z 轴粗调按钮将雕刻刀具调整到与电路板大致接触,如图 3.27 所示。

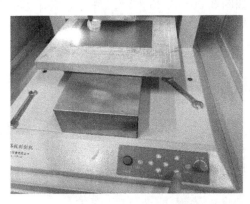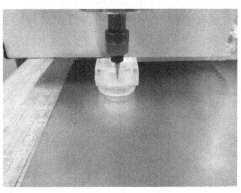

图 3.27　Z 轴粗调按钮调整

(5) 然后通过 Z 轴微调旋钮(Z 轴微调按钮逆时针旋转雕刻刀具向下移动,顺时针旋转雕刻刀具向上移动)将雕刻刀具调整到与电路板适当的接触程度,也就是调整到雕刻刀具和电路板铜箔接触后听到出现轻微的"沙沙"声为止,如图 3.28 所示。如果接触过浅在正式雕刻时电路板上铜箔会出现刻蚀不断开的现象,接触过深则在正式雕刻时电路板上铜箔会被刻蚀断开,但铜箔下方的电路板基材也会被刻蚀掉或刻蚀断开,从而降低了整个电路板的机械强度。

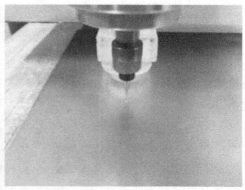

图 3.28 Z 轴微调旋钮调整

（6）为了测试雕刻刀具在电路板上的雕刻区域和接触程度，可使用试雕功能，即在打开主轴电机到电机转速稳定状态，在图 3.24 所示界面中点击"割边"按钮开始试雕；观察雕刻区域有无越界和铜箔刻蚀程度，如果出现越界则说明雕刻刀具的坐标原点设置有错误，需要检查和重新设置；如果出现铜箔刻蚀过浅或过深则需要重新调整雕刻刀具与电路板接触程度，直到符合要求为止。试雕完成后如图 3.29 所示。

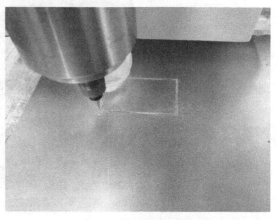

图 3.29 电路板试雕

（7）试雕符合要求后，在雕刻"向导"设置对话框中依次点击"底层雕刻"按钮、"钻孔"按钮和"割边"按钮完成雕刻、钻孔和割边，如图 3.30～3.33 所示。每一个环节完成后均有信息提示框进行提示，包括各种雕刻刀具的更换。在每次雕刻刀具更换前必须等待主轴电机完全停止转动后才能进行（注意：在主轴电机未完全停止转动之前，请勿触摸夹头和刀具，以免造成人身伤害）。

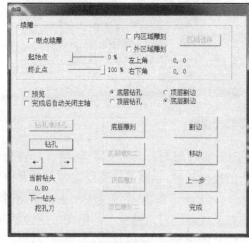

图 3.30 雕刻"向导"设置对话框

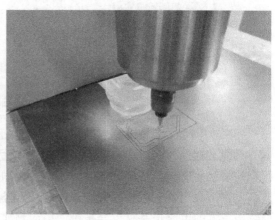

图 3.31 底层雕刻

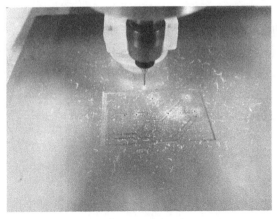

图 3.32　钻孔

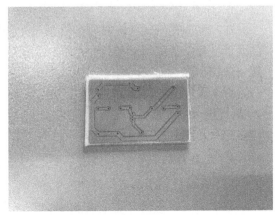

图 3.33　完成割边

至此,一块电路板已制作完成,用铲子从线路板雕刻机工作平台板上铲下制作好的电路板。双面板制作请参考雕刻机详细说明书。

3.2　PCB 的装配

装配就是将电子产品的各种部件、结构件按照设计要求,装接在规定的位置上,组成完整电子产品的过程。具体来说,就是在电气上完成以 PCB 为支撑主体的电子元器件的电路连接,通过插装与焊接来实现,在结构上是以组成产品的钣金件和模型外壳,通过紧固零件或其他方法进行安装。

3.2.1　PCB 的元器件插装

插装与焊接的目的是实现电子元器件间稳定、可靠的电气连接。随着元器件小型化发展,以 PCB 为核心的手工、自动插装和通孔焊接工艺成为主流。PCB 在现代电子产品中被大量使用,其插装的目的在于适应元器件的不同安装方式。

1. 元器件的安装要求

(1) 元器件的极性不得装错,标志方向应该按照图纸规定要求,安装后能看清元器件上的标志。

(2) 安装高度应符合规定要求,同一规格的元器件应尽量安装在同一高度。

(3) 安装顺序一般为先低后高、先轻后重、先易后难、先一般元器件后特殊元器件。

(4) 元器件在 PCB 上的分布应尽量均匀、疏密一致、排列整齐美观。不允许斜排、立体交叉和重叠排列。元器件外壳和引线不得相碰,要保证 1 mm 左右的安全间隙,无法避免时,应套绝缘套管。

(5) 元器件的引线直径与 PCB 焊盘孔径应有 0.2~0.4 mm 的合理间隙。

(6) 一些特殊元器件的安装处理:MOS 集成电路的安装应在等电位工作台上进行,以免产生静电损坏元器件。发热元器件(如功率 2 W 以上的电阻)要与 PCB 板面保持一定的距离,不允许贴板安装,较大的元器件(质量超过 28 g)应采取绑扎、粘固等措施。

2. 元器件的手工插装工艺

在产品的样机试制阶段或小批量试生产时，PCB 插装主要靠手工操作，即操作者把散装的元器件逐个装接到 PCB 上，操作的顺序是：待装元器件→引线整形→插件→调整位置→焊接→剪切引线→检验。每个操作者都要从头安装到结束，效率较低，而且容易出错。

对于设计稳定、大批量生产的产品，宜采用流水线装配，这种方式可大大提高生产效率，减少差错，提高产品合格率。流水线操作是把一个复杂的工作分成若干道简单的工序，每个操作者在规定的时间内完成指定的工作量。目前大多数电子产品的生产都采用 PCB 插件流水线的方式。

3. 元器件的装配前加工

(1) 元器件引线的成形要求

对于手工插装和手工焊接的元器件，一般把引线加工成如图 3.34 所示的形状；对采用自动焊接的元器件，最好把引线加工成如图 3.35 所示的形状。图 3.34(a)为轴向引线元器件卧

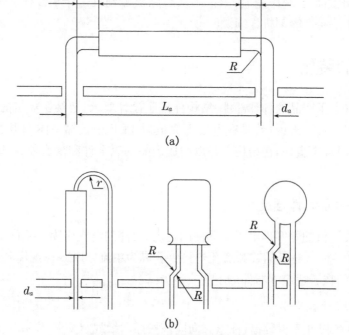

(a)

(b)

图 3.34　手工插装元器件的引线成形

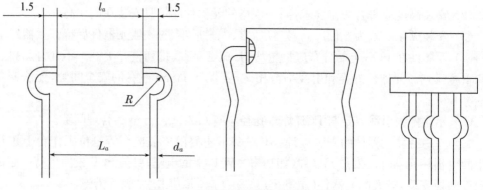

图 3.35　自动焊接元器件的引线成形

式插装方式,其中 $R=2d_a$,折弯点到元器件体的长度应大于 1.5 mm。

（2）元器件引线成形的方法

目前,元器件引线的成形方法主要有专用模具成形、专用设备成形以及手工用尖嘴钳进行简单加工成形等。实践中大多采用模具成形和手工成形两者相结合的方法。某些元器件如集成电路的引线成形不能使用模具,可使用钳具加工引线。使用长尖嘴钳加工引线的过程如图 3.36(a)所示,集成电路的引线成形如图 3.36(b)所示。

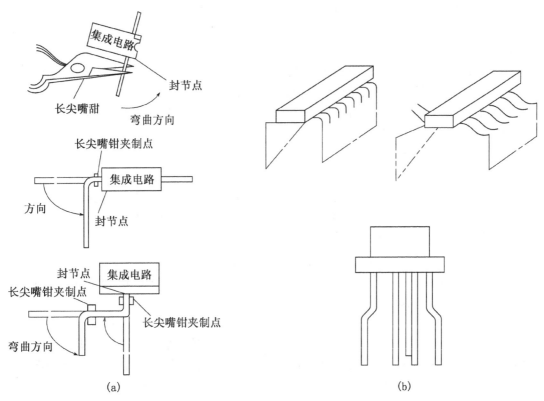

图 3.36　集成电路引线的加工及成形

3.2.2　元器件焊接

1. 锡焊技术

焊接是金属连接的一种方法。利用加热、加压或其他手段,在两种金属的接触面,依靠原子或分子的相互扩散作用,使两种金属永久地连接在一起,这个过程被称为焊接。

（1）焊接分类

现代焊接技术主要分为熔焊、钎焊和压焊三类。熔焊是靠加热被焊件(母材或基材),使之熔化产生合金而焊接在一起的焊接技术,如气焊、电弧焊等。钎焊是用加热熔化成液态的金属(焊料)把固体金属(母材)连接在一起的方法,作为焊料的金属材料,其熔点要低于被焊金属材料,按照材料的熔点不同,钎焊又分为硬焊(焊料熔点高于 450 ℃)和软焊(焊料熔点低于 450 ℃)。压焊是在加压条件下,使两工件在固态下实现原子间的结合,也称固态焊接。

（2）锡焊及特点

在电子产品装配过程中的焊接主要采用钎焊类中的软焊，一般采用铅锡焊料进行焊接，简称锡焊。锡焊的焊料是锡铅合金，熔点比较低，焊点具有良好的物理特性及机械特性，同时又有良好的润湿性和焊接性，是电子行业中普遍采用的焊接技术。

锡焊是使电子产品整机中电子元器件实现电气连接的一种方法，是将导线、元器件引脚与PCB连接在一起的过程。锡焊要满足机械连接和电气连接两个目的，其中机械连接起固定作用，而电气连接起电气导通作用。锡焊的特点有：

① 锡焊的熔点低适用范围广。锡焊的熔化温度在 180 ℃～320 ℃，对金、银、铜、铁等金属材料具有良好的可焊性。

② 易于形成焊点，焊接方法简便。锡焊焊点是靠熔融的液态焊料的浸润作用而形成的，因此对加热量和焊料都不必有精确的要求即能形成焊点。

③ 成本低廉、操作方便。锡焊比其他焊接方法的成本低，焊料也便宜，焊接工具简单，操作方便，并且整修焊点、拆换元器件以及修补焊接都很方便。

④ 容易实现焊接自动化。

（3）锡焊的基本要求

焊接是电子产品装配过程中的重要环节之一，如果没有相应的焊接工艺质量保证，任何一个设计精良的电子产品都难以达到设计指标。因此在焊接时必须做到以下几点：

① 焊件应具有良好的可焊性

金属表面被熔融焊料浸润的特性称为可焊性，是指被金属材料与焊锡在适当的温度及助焊剂的作用下，形成良好的合金的能力。铜及其合金、金、银、铁、锌等都具有良好的可焊性，常用的元器件引线、导线及焊盘等，大多采用铜材制成。

② 焊件表面必须清洁

焊件由于储存或污染等原因，其表面有可能产生氧化物、油污等，会严重影响与焊料在界面上形成合金层，造成虚焊、假焊。轻度氧化或污垢可通过助焊剂来清除，较严重的要通过化学或机械的方式来清除，故在焊接前必须清洁表面，以保证焊接质量。

③ 使用合适的助焊剂

助焊剂是一种略带酸性的易熔物质，在焊接过程中可以熔解金属表面的氧化物和污垢，并提高焊料的流动性，有利于焊料浸润和扩散进行，在工件金属和焊料的界面上形成牢固的合金层，保证了焊点的质量。

④ 焊接温度适当

焊接时，将焊料和被焊金属加热到焊接温度，使熔化的焊料在被焊金属表面浸润扩散并形成金属化合物。因此，要保证焊点牢固，一定要有适当的焊接温度，焊料才能充分浸润，并充分形成合金层，过高的温度不利于焊接。

⑤ 焊接时间适当

焊接时间对焊锡、焊接元器件的浸润性、结合层的形成有很大影响。准确掌握焊接时间是保证优质焊接的关键，一般情况下，焊接时间应不超过 3 秒。

⑥ 合适的焊料

焊料的成分及性能与元器件金属材料的可焊性、焊接的温度及时间、焊点的机械强度等相适应，锡焊工艺中使用的焊料是锡铅合金，根据锡铅的比例及含有其他少量金属成分的不同，其焊接特性也有所不同,应该根据不同的要求正确选用焊料。

3.2.3　锡焊工具

锡焊工具是指电子产品手工装焊操作中使用的工具,常用的焊接工具主要有电烙铁、焊接辅助工具、烙铁架等。

电烙铁是手工焊接的主要工具,选择合适的烙铁并合理使用,是保证焊接质量的基础。电烙铁是把电能转换成热能并对焊点部位的金属进行加热、同时熔化焊锡,使熔融的焊锡和被焊金属形成合金,冷却后形成牢固地连接。电烙铁的基本结构是由发热元件、烙铁头和手柄构成。发热元件是能量转换部分,其将电能转换成热能,并传递给烙铁头。

电烙铁根据发热元件对烙铁的传热方式不同,可分为内热式和外热式两种。内热式和外热式的主要区别在于外热式的发热元件在传热体的外部,而内热式的发热元件在传热体的内部。按发热能力又分为 20 W、30 W、60 W 和 300 W 档级等。按功能来分有吸锡电烙铁、恒温电烙铁、防静电电烙铁及自动送锡电烙铁等。

1. 常用的电烙铁

(1) 内热式电烙铁

内热式电烙铁如图 3.37 所示,由于烙铁芯装在烙铁头里面,故称为内热式电烙铁。内热式电烙铁的烙铁芯是由极细的镍铬电阻丝绕在瓷管上制成的,外面再套上耐热绝缘瓷管。烙铁头的一端是空心的,它套在芯子外面,用弹簧夹紧。由于烙铁芯装在烙铁头内部,热量完全传到烙铁头上,升温快,因此热效率高达 85%~90%,烙铁头部温度可达到 350 ℃。内热式电烙铁规格多为小功率的,常用的功率有 20 W、25 W、35 W 和 50 W 等,20 W 内热式电烙铁的实用功率相当于 20~40 W 的外热式电烙铁。

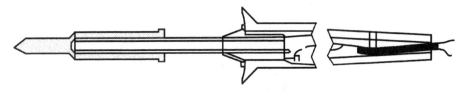

图 3.37　内热式电烙铁及其结构

内热式电烙铁的优点是热效率高、烙铁头升温快、体积小和质量轻,因而在电子装配工艺中得到了广泛应用,缺点是烙铁头容易被氧化、烧死,长时间工作易损坏,使用寿命短不适合作大功率的烙铁。

(2) 外热式电烙铁

外热式电烙铁如图 3.38 所示,由烙铁头、烙铁芯、外壳和手柄等部分组成。电阻丝绕在薄云母绝缘的圆筒上,组成烙铁芯。烙铁头装在烙铁芯里面,电阻丝通电后产生的热量传送到烙铁头上,使烙铁温度升高,故称为外热式电烙铁。

外热式电烙铁的优点是结构简单、价格较低和使用寿命长。缺点是体积较大、升温慢和热效率低。

(3) 恒温电烙铁

恒温电烙铁是一种能自动调节温度,使焊接温度保持恒定的电烙铁。在质量要求较高的

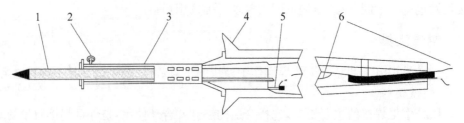

1—烙铁头;2—紧固螺钉;3—烙铁芯,4—手柄;5—接线柱;6—电源线

图 3.38　外热式电烙铁及其结构

场合,通常需要使用恒温电烙铁。根据控制方式的不同,恒温电烙铁可分为磁控恒温电烙铁和热电偶检测控温恒温电烙铁两种。

　　磁控恒温电烙铁借助电烙铁内部的磁性开关达到恒温的目的。磁控恒温电烙铁是在烙铁头上装一个强磁体传感器,用于吸附磁性开关(控制加热器开关)中的永久磁铁来控制温度。升温时,通过磁力作用,带动机械运动的触点,闭合加热器的控制开关,电烙铁迅速加热;当烙铁头达到预定温度时,强磁性体传感器到达居里点(完全失去磁性作用的温度)而失去磁性,从而使磁性开关的触点断开,加热器断电,于是烙铁头的温度下降。当温度下降至低于强磁性体传感器的居里点时,强磁性体恢复磁性,又继续给电烙铁供电加热。如果需要控制不同的温度,只需要更换不同温度的烙铁头(装有不同失磁温度的强磁性体传感器)即可。

　　热电偶检测控温恒温电烙铁又称为自动调温烙铁或自控焊台,是用热电偶作为传感器元件来检测和控制烙铁头的温度,当烙铁头温度低于规定值时,温控装置内的电子电路控制半导体开关元件或继电器接通电源,给电烙铁供电,电烙铁温度上升。温度一旦达到预定值,温控装置自动切断电源。如此控制,使烙铁头基本保持恒温,如图 3.39 所示。恒温电烙铁的控温效果好,温度波动小,并可手动随意设定恒定的温度,但其结构复杂,价格高。

图 3.39　恒温电烙铁

　　(4) 吸锡电烙铁

　　吸锡电烙铁是在普通电烙铁的基础上增加吸锡机构,使其具有加热、吸锡两种功能。在检修电路时,经常需要拆下某些元器件或部件,这时使用吸锡电烙铁就能够方便地吸附 PCB 焊点上的焊锡,使焊接件与 PCB 脱离,从而可以方便地进行检查和修理。吸锡电烙铁具有拆焊

效率高、不易损伤元器件的优点,特别是拆除多焊点的元器件时,使用它更为方便,吸锡电烙铁外形如图 3.40 所示。

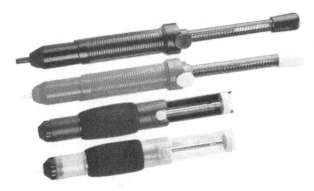

图 3.40　吸锡电烙铁

2. 电烙铁的选用

电烙铁的选用应根据被焊物体的实际情况而定,一般重点考虑加热形式、功率大小、烙铁头的形状等。

（1）加热形式选择

① 在相同功率情况下,内热式电烙铁的温度比外热式电烙铁的温度高;

② 当需要低温焊接时,应使用对温度可进行调节的恒温电烙铁焊接;

③ 通过调整烙铁头的伸出长度控制温度;

④ 烙铁头的形状要适应被焊件的物面要求和产品装配密度。

（2）功率的选择

① 对于焊接小功率的阻容元器件、晶体管、集成电路、PCB 的焊盘或导线时,宜采用 30～45 W 的外热式电烙铁或 20 W 的内热式电烙铁;

② 对于焊接一般性的焊点,如线环、线爪、散热片和接地焊片等,宜采用 75～100 W 的电烙铁;

③ 对于大型焊点,如焊金属机架接片、焊片等,宜采用 100～200 W 的电烙铁。

3. 使用注意事项

烙铁头一般用紫铜制成,现在内热式烙铁头都经过电镀。这种有镀层的烙铁头,如果不是特殊需要,一般不要修锉或打磨。因为电镀层的目的就是保护烙铁头不被腐蚀。

新烙铁在使用前要进行处理,即让电烙铁通电给烙铁头"上锡"。具体方法是,首先给电烙铁接上电源,当烙铁头温度升到能熔化焊锡时,将烙铁头在松香上沾涂一下,等松香冒烟后再沾涂一层焊锡,如此反复进行 2～3 次,使烙铁头的刃面全部挂上一层焊锡后方可以使用。在使用过程中始终保证烙铁头上挂有一层薄焊锡。烙铁头镀锡经使用一段时间后,表面会发生凹凸不平、氧化严重的情况,这时一般将烙铁头用细锉修平或用细砂纸打磨。使用烙铁时须注意以下事项:

① 使用前,应认真检查电源插头、电源线有无破损,并检查烙铁头是否有松动;

② 焊接过程中,应经常用浸水的海绵或干净的湿布擦拭烙铁头,保持烙铁头的清洁;

③ 电烙铁使用过程中,不能用力敲击、甩动;

④ 电烙铁不使用时不宜长时间通电,这样容易使烙铁芯过热而烧断,同时也会使烙铁头因长时间加热而氧化,甚至被"烧死"不再"吃锡",缩短其寿命;

⑤ 使用结束后,应及时切断电源,待冷却后再将电烙铁放回工具箱。

3.2.4 焊接材料

焊接材料是指完成焊接所需使用的材料,包括焊料、清洗剂、助焊剂与阻焊剂等,掌握焊料和焊剂的性质、成分、作用原理及选用知识,对于保证产品的焊接质量具有重要的作用。

1. 焊料

焊料是指易熔的金属及其合金,它的作用是将被焊物连接在一起。焊料的熔点比被焊物低,且易于与被焊物连为一体。焊料按其组成成分可分为锡铅焊料、银焊料和铜焊料。熔点在450 ℃以上的称为硬焊料,在450 ℃以下的称为软焊料。在一般电子产品装配中主要使用锡铅焊料。

(1)锡铅共晶合金

锡铅焊料是由两种以上金属材料按不同比例配制而成的。锡铅的配比不同,其性能亦随之改变。如图3.41所示为不同比例锡和铅的锡铅焊料状态图。

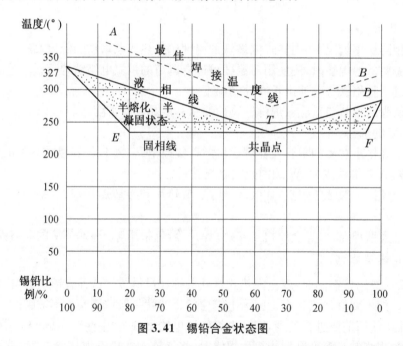

图 3.41　锡铅合金状态图

在图3.41中,T为共晶点,对应的锡铅含量为61.9%锡和38.1%铅,此时合金可由固态直接变为液态,或由液态直接变为固态,这时的合金称为共晶合金,由共晶合金配制而成的锡铅焊料称为共晶焊锡。共晶焊锡有以下优点:

① 熔点最低,只有183 ℃。降低了焊接温度,减少了元器件受热损坏的机会,尤其是对温度敏感的元器件影响较小;

② 熔点和凝固点一致,可使焊点快速凝固,不会因半熔状态时的间隔而造成焊点结晶疏松、强度降低;

③ 流动性好,表面张力小,润湿性好,焊料能很好地填满焊缝,并对工作有较好的浸润作用,使焊点结合紧密光亮,有利于提高焊点质量;

④ 机械强度高,导电性能好,电阻率低;

⑤ 抗腐蚀性能好。锡和铅的化学稳定性比其他金属好,抗大气腐蚀能力强,而共晶焊锡的抗腐蚀能力更好。

(2) 常用锡铅焊料

锡铅合金焊料有多种形状和分类,其形状有粉末状、带状、球状、块状、管状及锡膏(装在罐中)等几种,粉末状、带状、球状、块状的焊锡用于锡炉或波峰焊中;锡膏用于贴片元器件的回流焊接,手工焊接中最常见的是管状松香芯焊锡丝。电子产品中常用的低温焊锡如表 3.1 所示。下面介绍几种常用的焊料:

表 3.1　电子产品焊接中常用的锡铅焊料

序号	锡(Sn)	铅(Pb)	铋(Bi)	锑(Cd)	熔点/℃
1	61.9%	38.1%			183
2	35%	42%		23%	150
3	50%	32%	18%		145
4	23%	40%		37%	125
5	20%	40%		40%	110

① 管状焊锡丝

在手工焊接时,为了方便,常将焊锡制成管状,中空部分注入由特级松香和少量活化剂组成的助焊剂,这种焊锡称为焊锡丝。有时在焊锡丝中还添加 1%～2% 的锑,可适当增加焊料的机械强度。焊锡丝的直径有 0.5 mm、0.8 mm、0.9 mm、1.0 mm、1.2 mm、1.5 mm、2.0 mm、2.5 mm、3.0 mm、4.0 mm 和 5.0 mm 等多种规格;

② 抗氧化焊锡

由于浸焊和波峰焊使用的锡槽都有大面积的高温表面,焊料液体暴露在大气中,很容易被氧化而影响焊接质量,使焊点产生虚焊,因此在锡铅合金中加入少量的活性金属,能使氧化锡、氧化铅还原,并漂浮在焊锡表面形成致密覆盖层,从而使焊锡不被继续氧化。这类焊锡在浸焊与波峰焊中广泛应用。

③ 含银焊锡

电子元器件与导电结构中,有不少是镀银件,使用普通焊锡,镀银层容易被焊锡熔解,而使元器件的高频性能变坏。在焊锡中加 0.5%～2.0% 银,可减少镀银件中的银在焊锡中的熔解量,并可降低焊锡的熔点。

④ 焊膏

焊膏是表面安装技术中的一种重要贴装材料,是将合金焊料加工成一定粉末状颗粒的、并拌以具有助焊功能的液态黏合剂构成的具有一定流动性的糊状焊接材料。由焊粉、有机物和熔剂组成,制成糊状物,能方便地用丝网、模板或涂膏机涂在 PCB 上。

⑤ 无铅焊锡

无铅焊锡是指以锡为主体,添加其他金属材料制成的焊接材料。所谓"无铅",是指无铅焊锡中铅的含量必须低于 0.1%,"电子无铅化"指的是包括铅在内的 6 种有毒有害材料的含量必须控制在 0.1%以内,同时电子制造过程中必须符合无铅的组装工艺要求。

2. 助焊剂

在进行焊接时,为能使被焊物与焊料焊接牢固,要求金属表面无氧化物和杂质,以保证焊锡与被焊物的金属表面固休结晶组织之间发生合金反应。除去氧化物和杂质,通常用机械方法和化学方法,机械方法是用砂纸或刀子将其清除,化学方法是用助焊剂清除。用助焊剂清除具有不损坏被焊物和效率高的特点,因此焊接时一般都采用这种方法。

(1) 助焊剂的作用

① 除去氧化膜。助焊剂是一种化学剂,其实质是助焊剂中的氧化物和酸类物质同氧化物发生还原反应,从而除去氧化膜。反应后的生成物变成悬浮的渣,漂浮在焊料表面,使金属与焊料接合良好。

② 防止加热时氧化。液态的焊锡和加热的金属表面都易与空气中的氧接触氧化。助焊剂在熔化后,悬浮在焊料表面,形成隔离层,故可以防止焊接表面的氧化。

③ 减小表面张力,增加了焊锡流动性,有助于焊锡浸润。

④ 使焊点美观,合适的助焊剂能够整理焊点形状,保持焊点表面光泽。

(2) 助焊剂的种类

助焊剂可分为无机系列、有机系列和树脂系列,如表 3.2 所示。

表 3.2　常用助焊剂的分类

无机系列助焊剂	酸	正磷酸
		盐酸
		氟酸
	盐	氧化锌、氯化铵、氯化亚锡等
有机系列助焊剂	有机酸	硬脂酸、油酸、氨基酸、乳酸等
	有机卤素	盐酸苯胺等
	氨类	尿素、乙二胺等
树脂系列助焊剂		松香
		活化松香
		氧化松香

① 无机系列助焊剂

无机系列助焊剂主要成分是氯化锌及其混合物。优点是助焊效果好;缺点是具有强烈的腐蚀性,常用于可清洗的金属制品的焊接中。如对残留的助焊剂清洗不干净,会造成被焊物的损坏。

② 有机系列助焊剂

有机系列助焊剂主要由有机酸卤化物组成。优点是助焊效果好;缺点是有一定的腐蚀性,且热稳定性较差,即一经加热,便迅速分解,留下无活性残留物。对于铅、黄铜、镀镍等焊接性能差的金属,可选用有机系列助焊剂中的中性焊剂。

③ 树脂系列助焊剂

该助焊剂最常用的是在松香焊剂中加入活性剂。松香是将各种松树分泌出来的汁液进行提取并通过蒸馏法加工而成的。它是一种天然产物,成分与产地有关。松香酒精助焊剂是用无水酒精溶解松香配制而成的,一般松香占 23%～30%。其优点是无腐蚀性、高绝缘性、长期稳定性及耐湿性。焊接后易于清洗,并能形成薄膜层覆盖焊点,使焊点不被氧化腐蚀。电子线路和易于焊接的铂、金、铜、银及镀锡金属等,常采用松香或松香酒精助焊剂。

（3）对助焊剂的要求

① 助焊剂的熔点必须比焊料的低,密度要小,以便在焊料未熔化前就能充分发挥作用;

② 助焊剂的表面张力要比焊料的小,扩散速度快,有较好的附着力,而且焊接后不易炭化发黑,残留焊剂应色浅而透明;

③ 助焊剂应有较强的活性,在常温下化学性能应稳定,对被焊金属无腐蚀性;

④ 焊接过程中助焊剂不应产生有毒或强烈刺激性气体,不产生飞溅,残渣容易清洗;

⑤ 助焊剂的电气性能要好,绝缘电阻要高。

3. 清洗剂

在完成焊接操作后,焊点周围存在残余焊剂、油污、汗迹和多余的金属物等杂质,这些杂质对焊点有腐蚀、伤害作用,会造成绝缘电阻下降、电路短路或接触不良等,因此要对焊点进行清洗。常用的清洗剂有无水乙醇、三氯三氟乙烷等。

4. 阻焊剂

阻焊剂是一种耐高温的涂料,可将不需要焊接的部分保护起来,致使焊接只在需要的部分进行,以防止焊接过程中的桥连、短路等现象发生,对高密度 PCB 尤为重要,可降低返修率,节约焊料,使焊接时 PCB 受到的热冲击小,板面不易起泡和分层。阻焊剂的作用是保护 PCB 上不需要焊接的部位。常见的 PCB 上没有焊盘的绿色涂层即为阻焊剂。

（1）阻焊剂的作用

① 可以使浸焊或波峰焊时桥接、拉头、虚焊和连条等毛病大为减少或基本消除,PCB 板的返修率大为降低,并可提高焊接质量,保证产品的可靠性。

② 除了焊盘外,其他部位均不上锡,这样可以节约大量的焊料。同时,由于只有焊盘部位上锡,受热少,冷却快,降低了 PCB 的温度,起到了保护塑料封装元器件及集成电路的作用。

③ 因 PCB 的板面被阻焊剂覆盖,焊接时受到热冲击小,降低了 PCB 的温度,使板面不易起泡、分层,同时也起到了保护塑料封装元器件及集成电路的作用。

④ 使用带颜色的阻焊剂,如深绿色和浅绿色等,可使 PCB 的板面显得整洁美观。

（2）阻焊剂的种类

阻焊剂一般可分为干膜型阻焊剂和印料型阻焊剂,目前广泛使用的是印料型阻焊剂,这种阻焊剂又分为热固化和光固化两种。

① 热固化阻焊剂

使用的成膜材料是酚醛树脂、环氧树脂、氨基树脂、醇酸树脂、聚脂、聚氨脂、丙烯酸脂等。这些材料一般需要在 130 ℃～150 ℃下加热固化。其优点是价格便宜,黏接强度高;缺点是加热温度高、时间长、能源消耗大和 PCB 易变形,现已被逐渐淘汰。

② 光固化阻焊剂

使用的成膜材料是含有不饱和双键的乙烯树脂、不饱和聚脂树脂、丙烯酸、环氧树脂、丙烯酸聚氨酸、不饱和聚脂、聚氨酸和丙烯酸脂等。它们在高压汞灯下照射 2～3 分钟即可固化。

因而可以节省大量能源,提高生产效率,便于自动化生产。现已被广泛使用。

3.2.5 焊接机理

锡焊是使用锡合金焊料进行焊接的一种焊接形式。焊接过程是将焊件和焊料共同加热到焊接温度,在焊件不熔化的情况下,焊料熔化并浸润焊接面,在焊接点形成合金层。焊锡必须将焊料、焊件同时加热到最佳焊接温度,然后不同金属表面相互浸润、扩散,最后形成多组织的结合层。

1. 润湿作用

在焊接时,熔融焊料会象任何液体那样,黏附在金属表面,并能在金属表面充分浸流,这种现象就称为润湿。润湿是发生在固体表面和液体之间的一种物理现象,是物质所固有的性质。锡焊过程中,熔化的铅锡焊料和焊件之间的相互作用,正是这种润湿现象。如果焊料能润湿焊件,则说它们之间可以焊接,观测润湿角是锡焊检测的方法之一。焊料浸润性能好坏一般用润湿角 θ 表示,它是指焊料外圆在焊接表面交接点处的切线与焊件面的夹角,称为接触角,是定量分析润湿现象的一个物理量。如图 3.42 所示,$0° < \theta < 90°$,θ 角越小润湿越充分。一般质量合格的铅锡焊料和铜

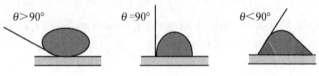

图 3.42 润湿角示意图

之间润湿角可达 $20°$,实际应用中一般以 $45°$ 为焊接质量的检验标准。

2. 扩散作用

扩散即在金属与焊料的界面上形成一层金属化合物,在正常条件下,金属原子在晶格中都以其平衡位置为中心进行着不停的热运动,这种运动随着温度的升高,其频率和能量也逐步增加。当达到一定的温度时,某些原子就具有足够的能量克服周围原子对它的束缚,脱离原来的位置,转移到其他晶格,这个现象被称为扩散。

金属之间的扩散不是任何情况下都会发生,而是有条件的,两个基本条件是:

(1) 距离足够小

只有在一定小的距离内,两块金属原子间的引力作用才会发生。金属表面的氧化层或其他杂质都会使两块金属达不到这个距离。

(2) 一定的温度

只有在一定的温度下金属原子才会具有动能,使得扩散得以进行,理论上说在绝对零度情况下没有扩散的可能。实际上在常温下金属原子的扩散进行得非常缓慢。

3. 结合层

焊接后,由于焊料和焊件金属彼此扩散,所以两者交界面形成多种组织的结合层。焊料润湿焊件的过程符合金属扩散的条件,所以焊料和焊件的界面有扩散现象发生。这种扩散的结果,使得焊料和焊件在界面上形成一种新的金属合金层,称为结合层。由于结合层的作用是将焊料和焊件结合成一个整体,实现金属的连续性,焊接过程同连接物品机理的不同之处即在于此。因此,将表面清洁的焊件与焊料加热到一定的温度,焊料熔化并润湿焊件表面,在其界面上发生金属扩散并形成结合层,从而实现金属的焊接。

3.2.6 手工焊接技术

手工焊接是焊接技术的基础,也是电子产品组装的一项基本操作技能。手工焊接适合于产品试制、小批量生产、调试与维修以及某些不适合自动焊接的场合。目前,还没有哪一种焊接方法可以完全代替手工焊接,因此在电子产品装配中,这种方法仍占有重要地位。

1. 焊接的正确姿势

手工焊接一般采用坐姿,焊接时应保持正确的姿势。焊接时烙铁头的顶端距操作者鼻尖至少 20 厘米以上,以免焊剂加热挥发出的有害气体吸入人体,并要保持室内空气流通。使用电烙铁时要配置烙铁架,一般放置在工作台右前方,电烙铁用完后一定要稳妥的放于烙铁架上,并注意导线等物体不要触碰烙铁头。

(1) 电烙铁的拿法

电烙铁一般有反握法、正握法和握笔法三种拿法,如图 3.43 所示。反握法动作稳定,长时操作不易疲劳,适用于大功率电烙铁的操作;正握法适用于中等功率电烙铁或带有弯头电烙铁的操作;握笔法多用于小功率电烙铁在操作台上焊接 PCB 等。

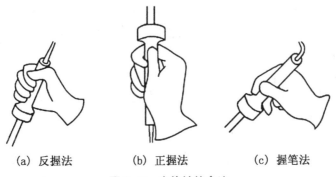

(a) 反握法   (b) 正握法   (c) 握笔法

图 3.43 电烙铁的拿法

(2) 焊锡丝的拿法

焊锡丝一般有连续锡焊和断续锡焊两种拿法,焊锡丝一般要用手送入被焊处,不要用烙铁头上的锡去碰焊锡丝,这样很容易造成焊料的氧化和焊剂的挥发。因为烙铁头的温度一般在300 ℃左右,因此焊锡丝中的焊剂在高温下容易分解失效,如图 3.44 所示。由于焊锡丝成分中铅占一定比例,而铅是对人体有害的重金属,所以操作时应戴手套或操作后洗手,避免食入。

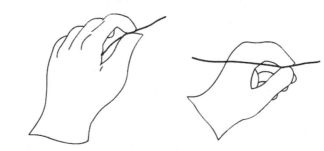

(a)连接锡焊时焊锡丝的拿法   (b)断续锡焊时焊锡丝的拿法

图 3.44 焊锡丝的拿法

2. 焊接五步法

焊接操作过程可分为五个步骤,分别是准备施焊、加热焊件、填充焊料、移开焊锡丝和移开电烙铁五步。如图 3.45 所示。一般要求在 2～3 秒的时间内完成焊接。

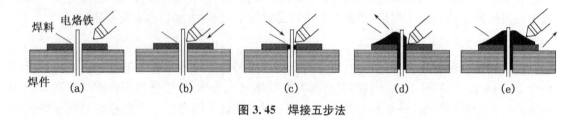

图 3.45　焊接五步法

(1) 准备施焊

焊接开始前准备好焊锡丝和电烙铁。此时特别强调的是烙铁头部要保持干净,即可沾上焊锡(俗称吃锡)。一般是右手拿电烙铁,左手拿焊锡丝,做好施焊准备,如图 3.45(a)所示。

(2) 加热焊件

将烙铁头接触焊接点,注意首先要保持烙铁头加热焊件各部分(与焊盘和引线同时保持可靠接触);其次要注意让烙铁头的扁平部分接触热容量较大的焊件,烙铁头的侧面或边缘部分接触热容量较小的焊件,以保持均匀受热,如图 3.45(b)所示。

(3) 填充焊料

在焊接点达到适当的温度时,应及时将焊锡丝放置到焊接点上熔化(引线和焊盘的交界处,固态焊锡丝不要与烙铁头直接接触)。为了形成焊点的理想形状,必须在焊料熔化后,在焊盘上自然形成流动,如图 3.45(c)所示。

(4) 移开焊锡丝

当焊锡丝熔化,液态焊锡适量布满整个焊盘且完全包裹住引线时,即可以 45°方向拿开焊锡丝,如图 3.45(d)所示。

(5) 移开烙铁头

焊锡丝拿开后,烙铁继续放在焊盘上持续 1～2 秒,当焊锡完全润湿焊盘后移开烙铁头,移开烙铁头的方向是 90°方向,不要过于迅速或用力往上挑,以免溅落锡珠,同时也要保证元器件在焊锡凝固之前不要移动或受到振动,否则极易造成焊点结构疏松、虚焊等现象,移开烙铁头的操作如图 3.45(e)所示。

上述过程,特别是各步骤的停留时间,对保证焊接质量至关重要,只有经过不断实践才能逐步掌握。

3. PCB 焊接

PCB 的焊接在整个电子产品制造中处于核心地位,其质量对整机产品的影响是至关重要的。焊接 PCB 除遵循焊接要领外,需特别注意以下几点:

(1) 电烙铁一般应选内热式(20～35 W)或恒温式,烙铁头的温度不宜超过 300 ℃,应根据 PCB 焊盘大小采用适中的形状。

(2) 加热时应尽量使烙铁头同时接触焊盘和元器件引线。对较大的焊盘(直径超过 5 mm)进行焊接时可移动烙铁头,即烙铁头绕焊盘转动,以免长时间停留导致局部过热。

(3) 两层以上的 PCB 的孔都要进行金属化处理,焊接时不仅要让焊料润湿焊盘,而且金属化孔内也要润湿。

（4）焊接时不要用烙铁头摩擦焊盘的方法来增强焊料润湿性能，要靠表面清理和镀锡。

（5）耐热性差的元器件应使用工具辅助散热。

3.2.7　焊点的质量分析

焊接是电子产品制造中最主要的一个环节，在焊接结束后，为保证焊接质量，都要进行质量检查。由于焊接检查与其他生产工序不同，没有一种机械化、自动化的检查测量方法，因此主要是通过目测检查和手触检查发现问题。一个虚焊点就能造成电子产品不能正常工作，据统计，现在电子产品故障中近一半是由于焊接不良引起的，检察一台电子产品的焊点质量可看出制造厂的工艺水平。

1. 焊点的质量要求

对焊点的质量要求主要从电气连接、机械强度和外观等三个方面考虑。

（1）焊点要有可靠的电气连接

焊接是电子线路从物理上实现电气连接的主要手段，电子产品的焊接是同电路通断情况紧密相连的，一个焊点要能稳定、可靠地通过一定的电流，没有足够的连接面积和稳定的结合层是不行的。良好的焊点应该具有可靠的电气连接性能，不允许出现虚焊、桥接等现象，锡焊连接不是靠压力，而是靠结合层达到电连接的目的，如果焊锡仅仅是堆在焊件表面或只有少部分形成结合层，那么在最初的测试和工作中也许不能被发现，但随着条件的改变和时间的推移，电路会产生时通时断或者干脆不工作的现象，而这时观察外表，电路依然是连接的。

（2）焊点要有足够的机械强度

焊接不仅起到电气连接的作用，同时也要固定元器件、保证机械连接，这就是机械强度的问题。焊料多机械强度大，焊料少机械强度小。但焊料过多容易造成虚焊、桥接短路故障。通常焊点的连接形式与机械强度也有一定的关系。焊点具有足够的机械强度可以保证在使用电子产品的过程中，焊点不会因正常的振动而脱落。

（3）外观清洁美观

外观光洁、整齐。良好的焊点应是焊料用量恰到好处，外表有金属光泽且平滑，没有裂纹、针孔、夹渣、拉尖、桥接等现象，并且不伤及导线绝缘层及相邻元器件，良好的外表是焊接质量的反映。一个良好的焊点应该是明亮、清洁、平滑的，焊锡量适中并呈裙状拉开，焊锡与被焊件之间没有明显的分界，这样的焊点才是合格、美观的，如图 3.46 所示。

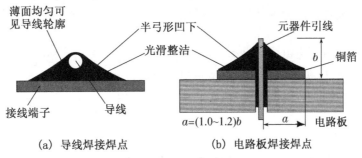

（a）导线焊接焊点　　　　（b）电路板焊接焊点

图 3.46　典型焊点外观

2．焊点质量检查

焊点的检查通常采用目测检查、手触检查和通电检查的方法。

（1）外观检查

外观检查是指从外观上目测焊点是否合乎标准，检查焊接质量是否合格，焊点是否有缺陷。目测检查的内容主要有：是否漏焊；焊点的光泽度；焊料用量；是否有桥接、拉尖现象；焊点有没有裂纹；焊盘是否有起翘或脱落情况；焊点周围是否有残留的焊剂；导线是否有部分或全部断线；是否有外皮烧焦、露出芯线等现象。

（2）手触检查

手触检查主要是用手指触摸元器件，看元器件的焊点有无松动、焊接不牢现象以及上面的焊锡是否有脱落现象，可以用镊子夹住元器件引线轻轻拉动以便查验有无松动现象。

（3）通电检查

通电检查必须是在外观检查及连线检查无误后才可以进行，也是检验电路性能的关键步骤。如果不经过严格的外观检查，通电检查不仅困难较多，而且有损坏设备仪器、造成安全事故的危险。例如电源连线虚焊，通电时就会发现设备加不上电。通电检查可以发现许多微小的缺陷，例如目测不到的电路桥接，但对于内部虚焊的隐患不容易发觉。所以根本问题还是提高焊接水平，不能把问题留给事后检查。

3．焊点缺陷分析

焊点的常见缺陷有：虚焊、桥接、拉尖、球焊、焊料过少、PCB 铜箔起翘、焊盘脱落以及空洞等。造成焊点缺陷的原因很多，但操作者是否有责任心是决定性的因素。

（1）虚焊

虚焊是焊接时焊点内部没有形成金属合金现象，如图 3.47（a）所示。为了使焊点有良好的导电性能，必须防止虚焊。虚焊是指焊料与被焊物表面没有形成合金结构，只是简单的依附在被焊金属的表面上。这种焊点在短期内也能通过电流，会导致焊点信号时有时无、噪声增加、电路工作不正常等"软故障"，并且用仪表测量很难发现问题，但随着时间的推移，没有形成合金的表面就要被氧化，此时便会出现时通时断现象，会造成产品的质量问题。

虚焊形成的原因有焊接面氧化或有杂质、焊锡质量差、助焊剂性能不好或用量不当、焊接温度掌握不当以及焊接结束但焊锡尚未凝固时焊接元器件移动等。

（2）桥接

桥接是指焊料将 PCB 中不应该连接的相邻印制导线连接起来的现象，如图 3.47（b）所示。明显的桥接较容易被发现，但细小的桥接用目测法是较难被发现的，往往要通过仪器的检测才能暴露出来。

桥接形成的原因有焊锡用量过多、电烙铁使用不当、导线端头处理不好、自动焊接时焊料槽的温度过高或过低、焊接时间过长导致焊料的温度过高而使焊料流动与相邻的印制导线相连、电烙铁离开焊点的角度过小等。桥接导致产品出现电气短路，有可能使相关电路的元器件损坏。

（3）拉尖

拉尖是指焊点表面有尖角、毛刺的现象，如图 3.47（c）所示。焊接时间过长，焊剂分解挥发过多，使焊料的黏性增加，当电烙铁离开时就容易产生拉尖现象，或由于电烙铁离开的方向不当、离开焊点太慢、焊料质量不好、焊接温度过低等,也可产生焊料拉尖。

(4) 球焊

球焊是指焊点形状像球形,与 PCB 只有少量连接现象,如图 3.47(d)所示。焊点的焊料过多、焊料的温度过低、焊料没有完全熔化、焊点加热不均匀、PCB 板面上有氧化物或杂质以及焊盘、引线不能润湿等都会造成球焊。由于被焊部件只有少量连接,因而其机械强度差,略微振动就会使连接点脱落,造成虚焊或断路故障。

(5) 焊料过少

焊料过少是指焊料撤离过早,焊料未形成平滑面的现象,如图 3.47(e)所示。焊料过少的焊点机械强度不高,电气性能不好,容易松动。

(6) 空洞

空洞是指焊点内部出现气泡现象,如图 3.47(f)所示。空洞是由于焊盘的孔太大、焊料不足致使焊料没有全部填满而形成的。存在空洞的电路板可暂时导通,但长时间容易引起导通不良。

(7) PCB 铜箔起翘、焊盘脱落

PCB 铜箔起翘、焊盘脱落是指 PCB 上的铜箔部分脱离 PCB 的绝缘基板,或铜箔脱离基板并完全断裂的情况,如图 3.47(g)所示。PCB 的铜箔起翘、焊盘脱落形成的原因有焊接时间过长、温度过高、反复焊接,或在拆焊时焊料没有完全熔化就拔取元器件等。PCB 的铜箔起翘、焊盘脱落会使电路出现断路或元器件无法安装的情况,甚至使整个 PCB 损坏。

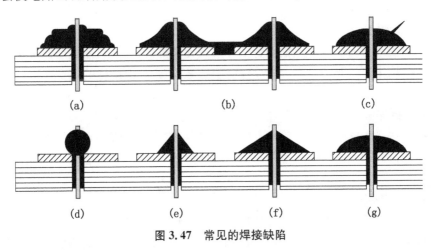

图 3.47　常见的焊接缺陷

3.2.8　拆焊

在电子产品的生产过程中,不可避免地要因为错装、损坏或因调试、维修的需要而拆换元器件,这就是拆焊也叫解焊。在实际操作中拆焊要比焊接难度高,如拆焊不得法,很容易将元器件损坏或损坏 PCB 的焊盘,它也是焊接工艺中的一个重要工艺手段。

1. 拆焊的基本原则

拆焊的步骤一般与焊接的步骤相反,拆焊前一定要了解清楚原焊接点的特点,不要轻易动手。

（1）不损坏拆除的元器件、导线、原焊接部位的结构件；

（2）拆焊 PCB 上的元器件要避免印制焊盘与导线因过热和机械损伤而剥离或断裂；

（3）对已判断为损坏的元器件可先将引线剪断再拆除，这样可减少其他损伤；

（4）拆焊过程中要避免电烙铁及其工具烫伤或机械损伤周围其他元器件、导线等，以便做好复原工作。

2. 拆焊工具

常用的拆焊工具有以下几种：

（1）普通电烙铁：加热焊点，熔化焊锡。

（2）镊子：以端头较尖、硬度较高的不锈钢为佳，用以夹持器件或恢复焊孔。

（3）吸锡器：吸锡器用于协助电烙铁拆卸 PCB 上的元器件，使元器件的引脚与焊盘分离，并吸空焊盘上的焊锡，做好安装新元器件的准备。

（4）吸锡电烙铁：具有加热、吸锡两种功能，用于吸去熔化的焊锡，使焊盘与元器件引线或导线分离，达到解除焊接的目的。具有拆焊效率高、不易损伤元器件的优点，特别是拆焊多接点的元器件时，使用它更为方便。

（5）吸锡材料：用以吸取焊接点上的焊锡，常用的有屏蔽编织层、细铜网等。使用时将吸锡材料浸上松香水，贴在待拆焊点上，然后用电烙铁加热吸锡材料，通过吸锡材料将热传递到焊点上，熔化焊锡，吸附焊锡。

3. 拆焊方法

（1）剪断拆焊法

先用斜口钳或剪刀贴着焊点根部剪断导线或元器件的引线，再用电烙铁加热焊点，接着用镊子将引线头取出。这种方法简单易行，对引线较长或安装允许的情况下是一种很便利的方法。

（2）分点拆焊法

分点拆焊法是先拆除一个焊接点上的引线，再拆除另一个焊接点上的引线，最后把元器件拔出。当需要拆焊的元器件引脚不多，且拆焊的焊点距其他焊点较远时，可采用电烙铁进行分点拆焊。

（3）集中拆焊法

集中拆焊法是用电烙铁同时交替加热几个焊接点，待焊锡熔化后一次性拔出元器件。对于引线排列整齐的元器件，可自制与元器件引脚焊接点尺寸相当的加热块或板套在电烙铁上，对所有的焊点一起加热，待焊锡熔化后一次性拔出元器件。

（4）吸锡工具拆焊法

当需要拆焊的元器件引脚多、引线较硬，或焊点之间的距离很近且引脚较多时，如多个引脚的集成电路拆焊，应使用吸锡工具拆焊，即用电烙铁和吸锡工具逐个将被拆元器件焊点上的焊锡吸掉，并将元器件的所有引脚与焊盘分离，即可拆下元器件。

（5）采用空针头拆焊法

利用尺寸相当（孔径稍大于引线直径）的空针头套在需要拆焊的引线上，当电烙铁加热焊锡熔化的同时，迅速旋转针头直到电烙铁撤离、焊锡凝固后方可停止，这时拔出针头，引线已被分离。

（6）间断加热拆焊法

在对耐热性差的元器件进行拆焊时，为了避免因过热而损坏元器件，不能长时间连续加热该元器件，应该采用间隔加热法进行拆焊。

4. 拆焊后重新焊接注意事项

拆焊后一般都要重新焊上元器件或导线，操作时应注意以下几个问题：

（1）重新焊接的元器件引线和导线的剪裁长度、离底板或 PCB 的高度、弯折形状和方向都应尽量与原来保持一致，使电路的分布参数不致发生大的变化，以免电路性能受到影响，尤其对于高频电子产品更要重视这一点。

（2）PCB 拆焊后，如果焊盘孔被堵塞，应先用锥子或镊子尖端在加热的条件下从铜箔面将孔穿通，再插进元器件引线或导线进行重焊。不能靠元器件引线从基板面穿孔，这样很容易使焊盘铜箔与基板分离，甚至使铜箔断裂。

（3）拆焊点重新焊好元器件或导线后，应将因拆焊需要而弯折、移动过的元器件恢复原状。

第4章 常用电路模块

电子电路系统是由各种基本的电路模块组成的,这些模块包括:输入输出及显示模块、测温模块、传感器模块、存储模块、电源模块、A/D 和 D/A 转换模块、处理器模块、步进电机驱动模块等。这些基本的电路模块构成了设计复杂电子电路系统的一块块积木,对于电子系统设计工程师来说,熟悉和掌握这些模块的设计和使用将极大地方便工作的开展。

4.1 显示模块

显示模块可以用来显示电子系统的运行状态和运行结果,最常用的有报警指示灯、LED 显示器、LCD 显示器、OLED 显示器。

4.1.1 LED 显示器

1. LED 显示原理

LED(Light Emitting Diode,发光二极管)显示器是由发光二极管构成的最为常用的显示器件。数字 LED 显示器利用 7 个发光二极管显示数字,通常被称为七段 LED 显示器或者数码管。另外,数码管中还有一个圆点型发光二极管,用于显示小数点。LED 显示器有共阳极接法和共阴极接法两种,如图 4.1 所示。

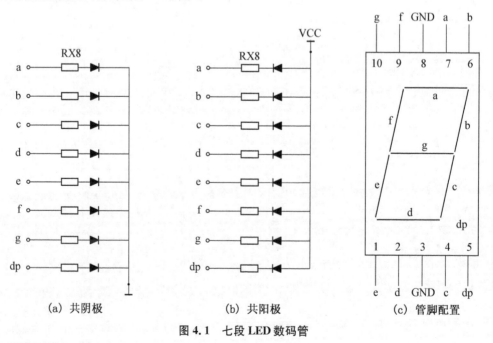

(a) 共阴极　　　　　(b) 共阳极　　　　　(c) 管脚配置

图 4.1　七段 LED 数码管

共阴极 LED 显示器的发光二极管阴极并接共地,当某个发光二极管的阳极为高电平时,发光二极管点亮;共阳极 LED 显示器的发光二极管的阳极并接共 V_{cc}。

LED 导通电压在 1.5 V 左右,工作电流每段约为 10 mA,直接接在 V_{cc} 电平上会使数码管过亮导致损坏,需接一个 100～300 Ω 的限流电阻。

2. 多位 LED 显示器显示方式

利用多个 LED 显示器可以显示多位数字。一个 N 位的 LED 显示器有 N 根位选线和 8×N 根段选线。根据显示方式的不同,位选线和段选线的连接方式也不同。段选线控制显示字符的字形,位选线控制显示位的亮、暗。

多位 LED 显示器显示控制方式有静态显示和动态显示两种方式。

（1）LED 静态显示方式

LED 显示器工作在静态显示方式下,共阴极或共阳极连接在一起接地或 V_{cc};每位的段选线与一个 8 位的并口相连。如图 4.2 所示,表示了一个四位静态 LED 显示器电路。显示器中的各位相互独立,只要该位的段选线上保持显示码电平,该位就能保持相应的显示字符。数码管采用静态显示方式时亮度较高。

每位需要一个 8 位输出口控制段选码,N 位静态显示器要占用 N×8 根 I/O 口线,在显示位数较多时一般采用动态显示方式。

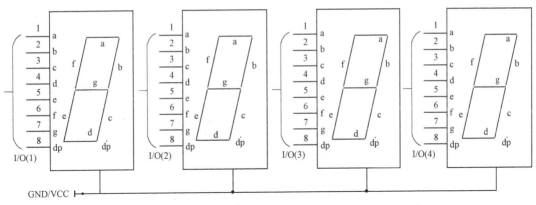

图 4.2　四位静态 LED 显示器电路

（2）LED 动态显示方式

在多位 LED 显示时,为了简化电路,将所有位的段选线并联在一起,由一个 8 位 I/O 口控制。每位的共阳极或共阴极分别由相应的 I/O 口线控制,实现各位的分时点亮控制。图 4.3 是一个 4 位 LED 动态显示器电路,共占用 12 个 I/O 口。

由于各位的段选线并联,段选码的输出对各位来说都是相同的。因此,同一时刻,如果各位位选线都处于选通状态,4 位 LED 显示器将显示相同的字符。若要各位 LED 显示器能够显示出与本位相应的字符,必须采用扫描显示方式,即在某一时刻,只让某一位的位选线处于选通状态,而其他各位的位选线处于截止状态,同时,段选线上输出对应显示位的字符字形码。4 位 LED 显示器轮流选通,由于人眼的视觉暂留现象,只要每位显示间隔足够短(5 ms),就可得到多位同时亮的效果。

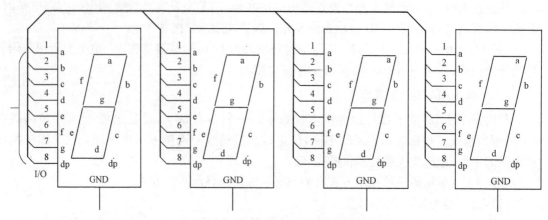

图 4.3　四位动态 LED 显示器电路

（3）LED 显示驱动电路

LED 显示器可采用 74HC48（共阳）、MC14495（共阴）、CD4511（共阴）、MAX7219（共阴）译码驱动电路来控制显示。由于 FPGA 和 MCU 的驱动功率限制，不提倡由 FPGA 或者 MCU 直接来驱动 LED 显示，需要使用放大驱动电路来控制 LED 的显示。

使用三极管驱动 LED 的动态显示电路如图 4.4 所示。

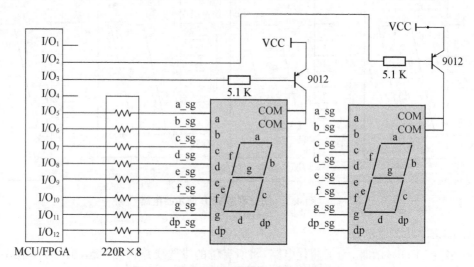

图 4.4　使用三极管驱动的 LED 动态显示

使用 74LS245 总线驱动器驱动 LED 的动态显示电路如图 4.5 所示。

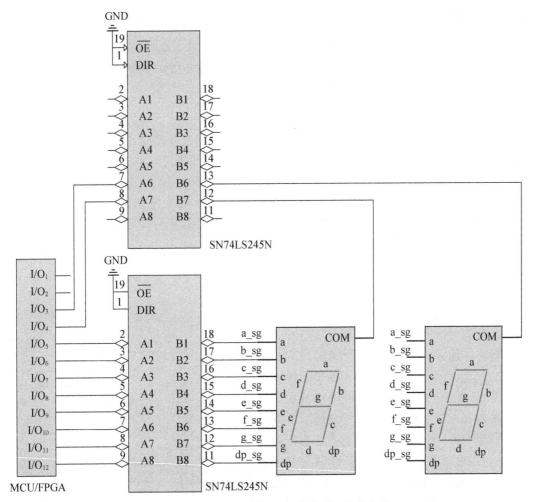

图 4.5 74LS245 组成的 LED 动态显示驱动电路

（4）LED 显示器字形码

LED 显示器字形代码如表 4.1 所示，可以看出共阳极代码按位取反就可以得出共阴极代码。

表 4.1 数字字形代码表

字形	共阳极代码(a~g)	共阴极代码(a~g)	字形	共阳极代码(a~g)	共阴极代码(a~g)
0	0000001	1111110	5	0100100	1011011
1	1001111	0110000	6	0100000	1011111
2	0010010	11010000	7	0001111	1110000
3	0000110	1111001	8	0000000	1111111
4	1001100	0110011	9	0000100	1111011

4.1.2 LCD显示器

七段 LED 显示器可以实现数字和部分字符的显示,但是在显示全部字符或汉字的场合,七段 LED 显示器就显得力不从心了,所以把 LCD 显示模块应用到电子系统中,完成复杂信息的输出,同时 LCD 显示器有功耗较低的优点。

1. LCD 显示原理

在外加电场的作用下,液晶显示器件的具有偶极矩的液晶棒状分子在排列状态上发生变化,使得通过液晶显示器件的光被调制,从而呈现明与暗或透过与不透过的显示效果。

根据所显示的内容不同,可以将 LCD 显示器分为字符型 LCD 显示器和绘图型 LCD 显示器。字符型 LCD 一般只能显示字符,字符间是分隔开的,每个字符为 5×8 或 5×11 的点阵块。绘图型 LCD 是全点阵的,可以显示字符,也可以显示图形。下面,将介绍两种常用的液晶显示模块:LCD1602 和 LCD12864。

2. LCD 显示器接口电路

(1) LCD1602

LCD1602 是一种字符型液晶,能够同时显示 16×2 即 32 个字符(16 列 2 行)。LCD1602 常用的控制器芯片是并口字符 LCD 控制器 HD44780。以 HD44780 为主控驱动电路的 LCD 显示模块是以若干个 5×8 或 5×11 点阵块组成的字符块集。该字符块集的每一个字符块为一个字符位,字符间的列距和行距均为一个点的宽度。它内部有字符发生器 ROM 以及可以显示 192 种字符和 64 字节的自定义字符 RAM,模块能直接与 MCU 或 FPGA 连接,如图 4.6 所示。其中 10K 的电位器用于调节对比度;LCD_Light 用于打开或关闭背光,LCD_Light=1,打开背光。

MCU/FPGA 通过 I/O 口线发送命令和数据给 LCD1602,LCD1602 可自动完成信息的显示。

(2) LCD12864

LCD12864 是一种图形点阵液晶显示器,它主要由行驱动器/列驱动器及 128×64 全点阵液晶显示器组成,可完成图形显示,也可以显示 8×4 个(16×16 点阵)汉字,有的内置 8 192 个中文汉字(16×16 点阵)字库,有的不带,与外部 MCU 接口可采用串行或 8 位并行方式控制。LCD12864 模块能直接与 MCU 或 FPGA 连接,图 4.7 给出一种

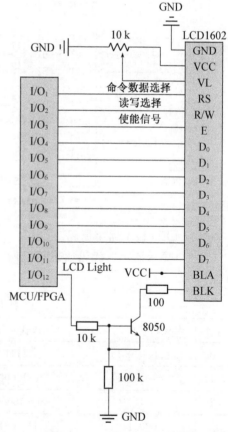

图 4.6 LCD1602 接口电路

LCD12864 的接口电路,其中 10K 的电位器用于调节对比度;LCD_Light 用于打开或关闭背光,LCD_Light=1,打开背光;PSB 接 V_{cc} 说明是 8 位并行方式控制,接 GND 则是串行方式控

制,RST 是 LCD12864 的复位脚。

MCU/FPGA 通过 I/O 口线发送命令和数据给 LCD12864,LCD12864 自动完成信息的显示。

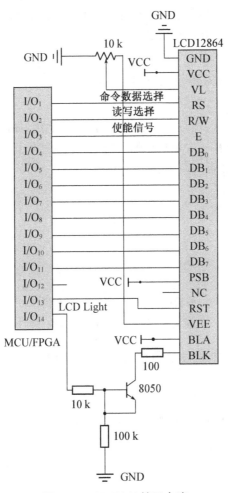

图 4.7　LCD12864 接口电路

4.2　键盘输入模块

在电子系统中为了控制系统的工作状态,以及向系统中输入数据,应用系统应设有输入设备,常用的输入设备有按钮、拨码盘、语音输入、按键、键盘。其中键盘是最常用的,键盘可以分为独立式和矩阵式两类,每一类又可以根据对按键的译码方法分为编码键盘和非编码键盘。

非编码键盘是指每个按键的键码不是由硬件电路产生,而是由相应扫描处理程序形成,所以硬件电路比较简单,在嵌入式系统中得到了广泛应用。

4.2.1　嵌入式系统的键输入

嵌入式系统中除了复位按键有专门的复位电路,其他的按键或键盘都以开关状态来控制功能或输入数据。

1. 键输入过程

当所设置的功能键或数字键按下时,嵌入式系统应完成该按键所设定的功能。因此,按键信息输入是与软件密切相关的过程,对于智能仪表来说,按键输入程序是整个应用程序的核心。按键输入程序包括如下几部分:按键扫描、判断有无键按下、查键号、跳入执行该键的功能程序。

2. 键输入接口与软件应解决的任务

(1) 机械按键的消抖

机械按键按下和弹起时,均有抖动过程,会有毛刺干扰,如图 4.8 所示。在一次按键过程中,会有若干次下降沿,只有一次是真正的按键事件,要避免其他几次下降沿的影响。抖动时间长短,与开关的机械特性有关,一般为 5~10 ms。

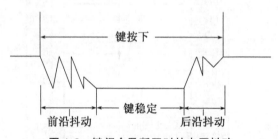

图 4.8　键闭合及断开时的电压抖动

通常去抖动的方法有硬件、软件两类,图 4.9(a)是用 RS 触发器或单稳态电路构成的硬件消抖电路。

软件去抖可以采用的方法是在检测到有键按下时,执行一个 20 ms 的延时程序,再确认该键是不是闭合状态,如保持闭合状态则认为是键按下状态。

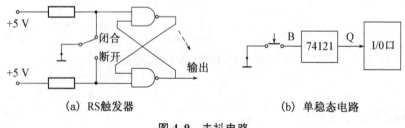

图 4.9　去抖电路

(2) 选择按键的监测方法

对于嵌入式系统,键盘扫描只是 MCU 工作的一部分,键盘处理只是在有键按下进行才有意义。对于按键是否按下的监测方式有中断方式和查询方式两种。

4.2.2　独立式按键

独立式按键是指直接用 I/O 口线构成的单个按键电路,每个按键单独占有一根 I/O 口线,每根 I/O 口线上的按键的工作状态不会影响其他 I/O 口线的电平,如图 4.10 和图 4.11 所示。

独立式按键电路配置灵活,软件结构简单,但每个按键占用一根 I/O 口线,在按键数量不多时,常用这种电路。

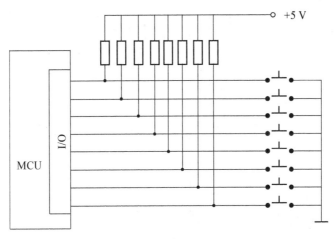

图 4.10　独立式按键电路(查询方式)

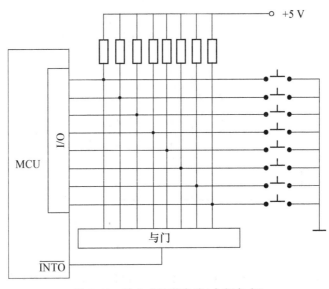

图 4.11　独立式按键电路(中断方式)

4.2.3　矩阵式键盘

矩阵式键盘是一种把所有按键排列成行列矩阵的键盘。在这种键盘中,每根行线和列线的交叉处都接有一个按键,每当按键按下时,与这个按键相连的行线和列线就会接通,否则是断开状态。4×4 的行列结构可构成 16 个键的键盘,占用 8 根 I/O 口线,因此,在按键数量较多时,可以节省 I/O 口线。矩阵式键盘电路如图 4.12 所示。

矩阵式键盘占用 I/O 口线少,但按键识别软件比较复杂,常用的按键识别方法有:行扫描法、线反转法。

常用矩阵式键盘接口电路如图 4.13、图 4.14 所示。

图 4.13 是通过移位寄存器 74LS164 扩展 8 位输出口线来对矩阵键盘进行扫描,只占用

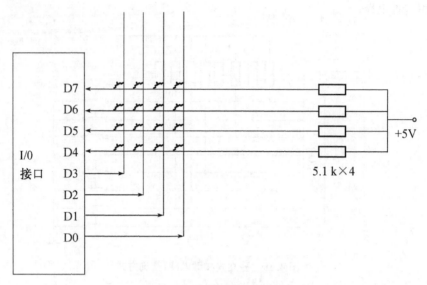

图 4.12 矩阵式键盘电路

了 4 根 MCU 的 I/O 口线,每增加一根 I/O 口线(行线),可以增加 8 个按键。

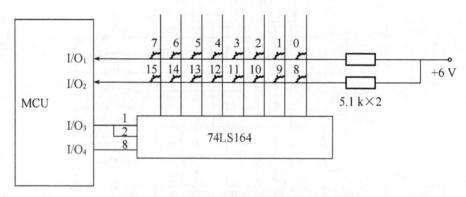

图 4.13 移一位寄存器构成的矩阵式键盘电路

图 4.14 所示电路是通过 I^2C 接口的 8 位 I/O 口扩展器 PCF8574 来对 4×4 的矩阵键盘进行扫描,只占用了 3 根 MCU 的 I/O 口线,当有键按下时,会向 MCU 发出中断请求信号。

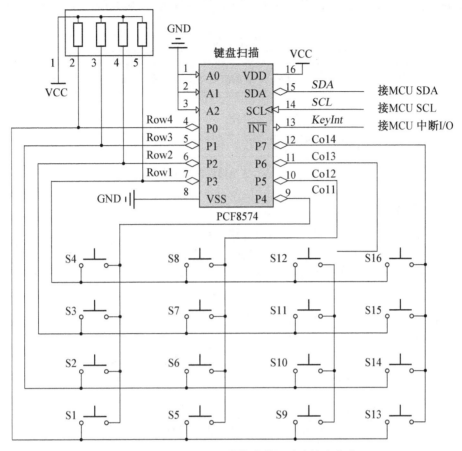

图 4.14　8 位 I/O 扩展器构成的矩阵式键盘电路

4.3　测温模块

温度传感器的数量在各种传感器中占据首位,其中将温度变化转换为电阻变化的称为热电阻和热敏电阻传感器,将温度变化转换成电势变化的称为热电偶传感器,此外还有集成的温度传感器。

4.3.1　热电偶温度传感器

1. 热电偶测温原理

热电偶传感器能将温度变化量转换为热电势,理论是建立在热电效应基础上。热电偶的测温范围广,其中 K 型热电偶的测温范围能达到 $-40\ ℃\sim1\ 200\ ℃$。

热电效应:将两种不同材料的导体组成一个闭合回路,如果两个结点的温度不同,则回路中将产生一定的电流(电势),其大小与材料性质及结点温度有关,这种物理现象即为热电效应。

热电偶传感器输出的热电势信号小,通常为毫伏级,要进行信号放大。热电偶传感器需要

进行冷端温度补偿,需要配接补偿电桥或冷端补偿器等装置,热电偶温度调理方案如图 4.15
所示。

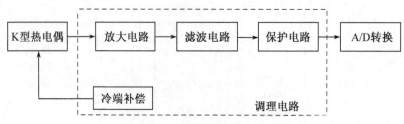

图 4.15 热电偶温度调理方案

2. 信号调理电路

图 4.16 是一种 K 型热电偶信号调理电路。在该电路中:

(1) 补偿电路采用集成温度传感器 AD592 实现冷端补偿;

(2) 放大电路采用低功耗高精度的通用仪表放大器 INA128,增益范围 1～10 000,本电路
选取的增益是 150,信号调理后的输出电压为 0～5 V;

(3) 滤波电路采用二阶有源低通滤波器;

(4) V_Out 是调理后的电压输出信号。

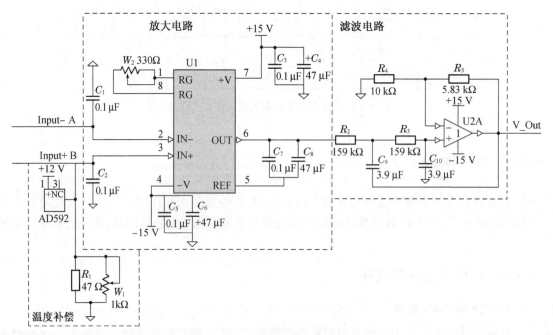

图 4.16 K 型热电偶信号调理电路

4.3.2 热电阻温度传感器

利用热电阻和热敏电阻的温度系数制成的温度传感器,称为热电阻式温度传感器。

1. 金属热电阻工作原理

对于大多数金属导体的电阻,都具有随温度变化的特性,特性方程满足下式:

$$R_t = R_0[1 + \alpha(t - t_0)] \tag{4-1}$$

式中,R_t、R_0 分别为热电阻在 t ℃和 0 ℃时的电阻;α 为热电阻的温度系数(1/℃)。

金属热电阻常用的类型有铂热电阻和铜电阻:

(1) 铂热电阻:测温复现性好,被广泛应用于作温度的基准,测温范围为 -200 ℃～ 500 ℃。

(2) 铜电阻:灵敏度高,但易于氧化,一般只用于 150 ℃以下的低温测量和没有水及无侵蚀性的介质中的温度测量。

热电阻传感器的测量电路最常用的是电桥电路,为了消除由于连接导线电阻随环境温度变化而造成的测量误差,常采用三线或四线制连接方法。热电阻温度调理方案以 Pt100 温度传感器为例如图 4.17 所示。

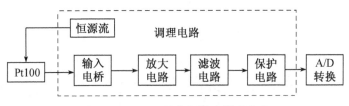

图 4.17　Pt100 热电阻温度调理方案

2. 信号调理电路

图 4.18 是一种 Pt100 热电阻信号调理电路。

(1) 恒流源电路由 2.5 V 电压基准源 LM336 - 2.5、运算放大器 LM258 和三极管 9012 构成。

(2) 采用桥式电路,把电阻变化信号转换为电压信号,铂电阻采用三线接法能够消除接线电阻的影响,接线电阻为 r_1、r_2、r_3,r_1、r_2 接线桥臂内,当温度变化时,两根导线的长度和温度系数相同,导线的电阻变化不会影响电桥的状态,通过电阻为 r_3 的导线引入恒流源,该导线不在桥臂内,对电桥的平衡状态无影响;

(3) 采用 AD620 仪表放大器对电桥输出的电压信号进行放大,AD620 增益范围为 1～ 10 000,本电路选取的增益是 40,信号调理后的输出电压为 0～5 V,RV_{out} 是调理后的电压输出信号;

(4) AD620 的输入端采用 R_C 低通滤波器对电压信号进行滤波。

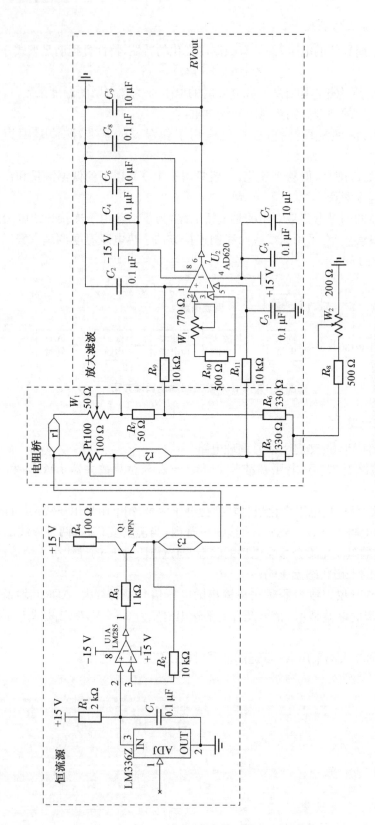

图 4.18　Pt100 热电阻信号调理电路

4.3.3　半导体热敏温度传感器

1. 半导体热敏温度传感器的分类

用半导体制成的热敏元件,一般来说,半导体比金属具有更大的电阻温度系数。半导体热敏电阻可分为:正温度系数(PTC)、临界温度系数热敏电阻(CTR)、负温度系数(NTC)等几类。

PTC:主要用于彩电消磁、各种电器设备的过热保护、发热源的定温控制,也可做限流元件使用。

CTR:主要用做温度开关。

NTC:在点温、表面温度、温差温度场等测量中得到广泛的应用,还广泛应用在自动控制及电子线路的热补偿电路中,是运用最为广泛的热敏电阻,NTC 热敏电阻的测温范围一般在-50 ℃～150 ℃。

2. 信号调理电路

图 4.19 是一种 NTC 热敏电阻信号调理电路,该热敏电阻在 25 ℃的温度电阻值为 3 KΩ,在-20 ℃～+60 ℃范围内对应的温度电阻为 29.13 KΩ～0.736 3 KΩ。

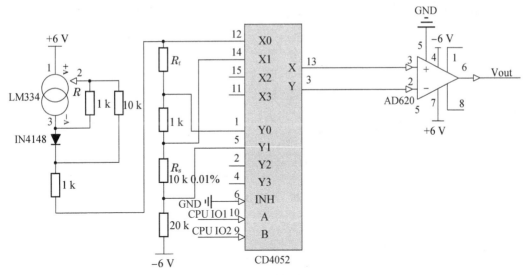

图 4.19　NTC 热敏电阻信号调理电路

(1) R_t 是 NTC 热敏电阻,R_s 是精密基准电阻,精度为±0.01%;

(2) 以 LM334 为中心,构成恒流源电路,电流大小约为 134 uA;

(3) CD4052 是差分四通道数字控制模拟开关,通过通道选择控制端 A、B 完成通道的选择,BA=00 时,热敏电阻上的电压(通道 0)被选择,BA=01 时,精密基准电阻电阻上的电压(通道 1)被选择;

(4) AD620 是仪表放大器,作用是把差分电压转换为单端电压信号 V_{out},送入 ADC;

(5) 热敏电阻的测量方法是比值测量法,通过比值测量和精密基准电阻,可以提高热敏电阻的测量精度。

① CPU 控制 CD4052 选择通道 0,测得热敏电阻的电压为 V_t;

② CPU 控制 CD4052 选择通道 1,测得精密基准电阻的电压为 V_s;

③ 热敏电阻的阻值 $R_t = \dfrac{V_t \times R_s}{V_s}$。

4.3.4 集成温度传感器

常用的集成温度传感器有 DS18B20、LM83、AD590、LM35 等。

1. DS18B20

(1) DS18B20 介绍

DS18B20 是美国 DALLAS 半导体公司生产的集成数字温度传感器,有如下特点:

① 工作电压在 3.0~5.5 V,也可由数据线寄生供电;

② 单总线接口方式,与 MCU 连接时仅需要一条口线即可实现 MCU 与 DS18B20 的双向通讯;

③ 测温范围-55 ℃~125 ℃,在-10 ℃~85 ℃范围内精度为±0.5 ℃;

④ 测量结果直接输出数字温度信号,通过单总线串行传给 MCU。

(2) DS18B20 接口电路

常用的 DS18B20 接口电路如图 4.20 所示,是一种外部供电的单点测温电路。

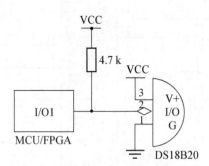

图 4.20　DS18B20 接口电路

2. LM83

(1) LM83 介绍

LM83 是美国国家半导体公司推出的具有 SMBus 和 I^2C 接口且兼容 ACPI 的三路远程和本地温度传感器,有如下特点:

① 能测量自身温度和 3 个外部器件的温度,测温范围是-40 ℃~+125 ℃,在+25 ℃~+100 ℃范围内测量外部器件精度为±3 ℃;

② 工作电压在 3.0~3.6 V;

③ 远程温度传感器采用低噪声小功率晶体管接成二极管使用,以代替热敏电阻或热电偶,在使用时无需对温度传感器进行校正;

④ 具有两个中断输出端 T-CRIT-A 和 INT,当被测温度超过设定的上限温度时,INT 输出被激活,当被测温度超过设定的严重越限温度时,T-CRIT-A 输出也被激活;

⑤ LM83 还可与 SMBus 串行接口连接,并且与 I^2C 总线兼容,可方便地与 MCU 接口

连接。

（2）LM83 接口电路

常用的 LM83 接口电路如图 4.21 所示，外部温度传感器分别放在远程装置的适当位置上，如笔记本电脑 CPU 芯片、电池、LCD 显示器等处，用以检测它们的表面温度。当某一路的温度超过了设定的上限温度时，向 MCU 申请中断，一旦温度超过了严重越限温度，则触发硬件电路关机。

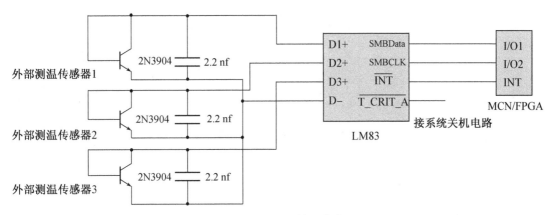

图 4.21　LM83 接口电路

3. AD590

（1）AD590 介绍

AD590 是美国 Analog Devices 公司设计的单片集成两端感温电流源，有如下特点：

① 工作电压在 4.0～30 V；

② 测温范围 −55 ℃～150 ℃，精度为 ±0.3 ℃；

③ 输出电流与绝对温度成比例，线性电流输出，调节系数为 1 μA/k。

（2）AD590 接口电路

AD590 接口电路如图 4.22 所示。

图 4.22 是通过精密电阻 R，把温度转换成电压 V_t，$V_t =$ 1 mV/k，V_t 后面接信号调理电路和 ADC，把温度转换成数字量供 MCU 读取。

图 4.23 是 AD590 远程测温电路，当温度为 −55 ℃～100 ℃，电路输出电压以 100 mV/℃ 的规律变化，输出为 −5.5～10 V。后面接信号调理电路和 ADC，把温度转换成数字量供 MCU 读取。

AD590 随温度变化产生的电流经屏蔽线，并通过 R_C 滤波，再流过 1 kΩ（±0.01%）的精密电阻把温度信号转换成电压信号 1 mV/k 加在放大器的同相端。为了输出摄氏温标，调节 200 Ω 的电位器，使电位器抽头上的电压为 273.15 mV，这样输出电压被转换为摄氏温标大小为 100 mV/℃。

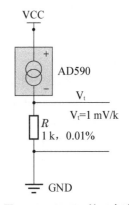

图 4.22　AD590 接口电路

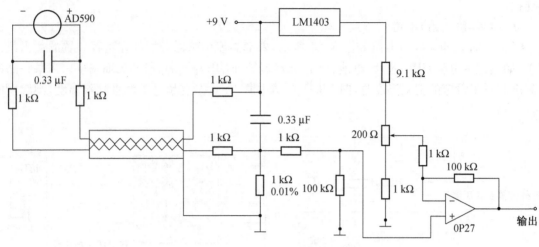

图 4.23   AD590 远程测温电路

4.4   传感器模块

通过外接各类传感器模块,嵌入式系统可以实现对电类参数或非电类参数的检测。

4.4.1   传感器种类介绍

1. 传感器定义

传感器是能感受(或响应)规定的被测物理量,并按照一定规律转换成可用信号输出的器件或装置。传感器通常由直接响应于被测量的敏感元件和产生可用信号输出的转换元件及相应的电子电路所组成。

2. 传感器分类

(1) 按传感器的机理及转换形式分类有结构型、物性型、数字(频率)型、量子型、信息型和智能型;

(2) 按敏感材料分类有半导体型(如元素硅或Ⅲ-Ⅴ族、Ⅱ-Ⅵ族化合物)、功能陶瓷型(如电子型半导体瓷压电瓷)、功能高聚物型(如各种高分子有机半导体压电体)等;

(3) 按测量对象参数分类有光传感器、湿度传感器、温度传感器、磁传感器、压力传感器、振动传感器、超声波传感器等;

(4) 按应用领域分类有机器人传感器、医用(生物)传感器、环保传感器、各种过程和检测传感器等。

4.4.2   霍尔传感器

1. 基本原理

霍尔传感器是利用半导体的磁电效应中的霍尔效应,将被测物理量转换成霍尔电势。

霍尔效应:将一载流体置于磁场中静止不动,若此载流体中的电流方向与磁场方向不相同时,则在此载流体中平行于由电流方向和磁场方向所组成的平面上将产生电势,此电势称为霍尔电势,此现象称为霍尔效应。

霍尔电势的计算公式为:

$$U_H = \frac{BbI}{nebd} \tag{4-2}$$

式中:B—外磁场的磁感应强度;

　　　I—通过基片的电流;

　　　n—基片材料中的载流子浓度;

　　　e—电子电荷量;

　　　b—基片宽度;

　　　d—基片厚度。

半导体材料的电阻率 ρ 和迁移率 μ 均比较高,砷化铟和锑化铟常被大量采用作为制作霍尔元件的材料,霍尔元件通常被制作成长方形薄片。

2. 集成霍尔传感器

集成霍尔传感器利用硅集成电路工艺将霍尔元件与测量电路集成在一起,实现了材料、元件、电路三位一体,有线性型霍尔传感器和开关型霍尔传感器。开关型霍尔传感器由稳压器、霍尔元件、差分放大器,斯密特触发器和输出级组成,它输出数字量;线性型霍尔传感器由霍尔元件、线性放大器和射极跟随器组成,它输出模拟量。

基本应用电路,如图 4.24 所示,激励电流由电源 E 供给,其大小可由调节电位器 R_P 来实现,霍尔片输出端接负载 R_f,可以是一般电阻,也可以是放大器的输入电阻。在磁场和激励电流的作用下,负载上就有输出电压。

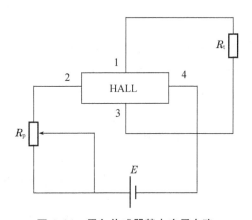

图 4.24　霍尔传感器基本应用电路

在实际使用中,输入信号可为电流 I 或磁感应强度 B,或者两者同时作为输入,则输出信号可正比于 I 或 B,或两者之积,由于建立霍尔效应所需的时间很短($10^{-12} \sim 10^{-14}$ s),因此,激励电流用交流电时,频率可以很高。

3. 霍尔传感器接口电路

(1) 转速测量电路

转速测量原理如图 4.25 所示,在非磁材料的圆盘边缘上粘贴一块磁钢,将圆盘固定在被测转轴上,开关型霍尔传感器固定在圆盘外缘附近,圆盘每旋转一周,霍尔传感器便输出一个脉冲,用频率计测量这些脉冲,便可知道转速。

具体的转速测量电路如图 4.26 所示。该电路开关型霍尔传感器 UGN3040 检测磁性转子的转速,UGN3040 工

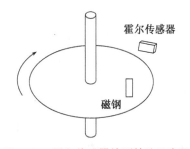

图 4.25　霍尔传感器检测转速示意图

作电压为 4.5~25 V,集电极开路输出,要外接上拉电阻。当磁性转子转动时,UGN3040 的输出脉冲信号经过三极管反相后给 MCU 计数,可以得到磁性转子的转速。

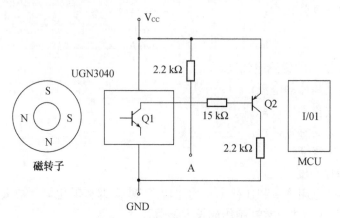

图 4.26 转速检测接口电路

（2）电流测量电路

CS010GT5 是一种霍尔电流传感器,应用霍尔效应原理能在电隔离条件下测量直流、交流、脉冲以及各种不规则波形的电流。

额定输入电流 10 A,电流测量范围±20 A,电源电压为 5 V,传感器正确接线,当待测电流从传感器穿芯孔中穿入,即可从输出端测得与被测电流一一对应的电压值,V_{out} 为 2.5±1 V,精度为±1%,V_{out} 与待测电流的关系如图 4.27 所示,纵轴表示输出电压 V_{out},横轴表示待测电流,I_{PN} 表示额定输入电流。

基于 CS010GT5 的电流测量电路如图 4.28 所示。与待测电流一一对应的电压经过电压跟随器接入到 ADC 中,把电流转换成数字量供 MCU 读取。

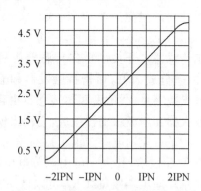

图 4.27 CS010GT5 输出电压与待测电流的关系图

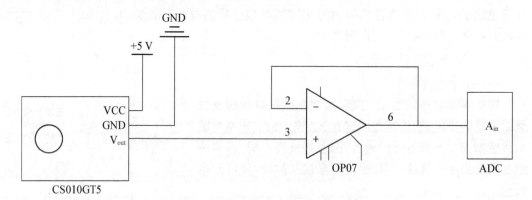

图 4.28 基于 CS010GT5 的电流测量电路

4.4.3　金属传感器

1. 集成金属传感器的分类

集成金属传感器包括两种类型:电容式接近开关和电感式接近开关。

（1）电感式接近开关

电感式接近开关是建立在电磁场的理论基础上而工作的。由电磁场理论可知,在受到交变电磁场作用的任何导体中,都会产生电涡流。成块的金属置于变化的磁场中,或者在固定的磁场中运动时,金属导体内就会产生感应电流,这种电流的磁力线在金属内是闭合的,所以称为涡流。

导体影响使线圈的阻抗发生变化,这种变化称为反阻抗作用。该传感器利用受到交变磁场作用的导体中产生的电涡流调节线圈原有阻抗。因此电感式接近开关可以作为金属探测器。

电感式接近开关工作原理如图 4.29 所示,电感式接近开关由三大部分组成:振荡器、开关电路及放大输出电路。振荡器产生一个交变磁场,当金属目标接近这一磁场,并达到感应距离时,在金属目标内产生涡流,从而导致振荡衰减,最终停振。振荡器振荡及停振的变化被后级放大电路处理并转换成开关信号,触发驱动控制器件,从而达到非接触式的检测目的。

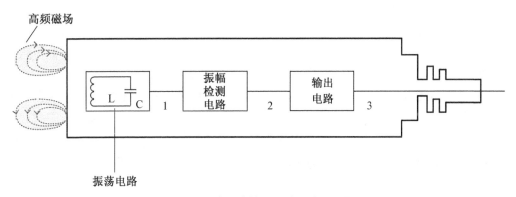

图 4.29　电感式接近开关工作原理图

（2）电容式接近开关

电容式接近开关的测量端是构成电容器的一个极板,而另一个极板是开关的外壳。这个外壳在测量过程中通常是接地或与设备的机壳相连接。当有物体移向接近开关时,不论它是否为导体,由于它的接近,总要使电容的介电常数发生变化,从而使电容量发生变化,使得和测量头相连的电路状态也随之发生变化,由此便可控制开关的接通或断开。这种接近开关检测的对象不限于导体,也可以是绝缘的液体或粉状物等。

2. 金属传感器电路

自制金属传感器电路如图 4.30 所示,电路由振荡电路、比较电路和整形电路三部分组成。当有金属时,影响线圈 L_1 的阻抗,从而影响振荡电路的输出幅值,经过比较器进行比较,比较后的输出信号经整形电路整形,可直接输入到控制电路进行检测状态的判断。

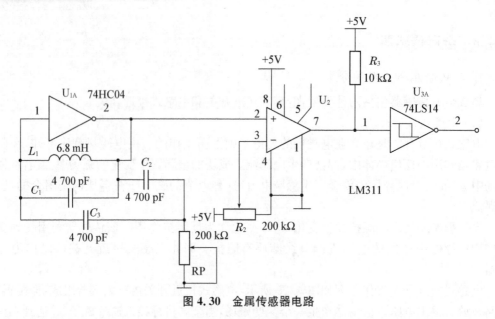

图 4.30 金属传感器电路

4.4.4 光电传感器

1. 光电传感器的分类

光电传感器根据检测模式的不同可分为如下几种：

（1）反射式光电传感器：将发光器与光敏器件置于一体内，发光器发射的光被检测物反射到光敏器件。

（2）透射式光电传感器：将发光器与光敏器件置于相对的两个位置，光束也是在两个相对的物体之间，穿过发光器与光敏器件的被检测物体阻断光束，并启动受光器。

2. 光电传感器的应用电路

（1）利用反射式光电传感器检测黑白物体

利用反射式光电传感器检测黑白物体的电路如图 4.31 所示，由于黑色物体和白色物体的

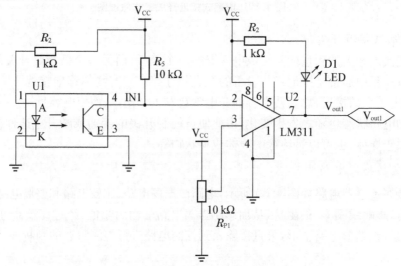

图 4.31 利用反射式光电传感器检测黑白物体电路图

反射系数不同,调节反射式光电传感器与检测对象之间的距离,使光敏三极管只能接受到白色物体反射回来的光束。而对于黑色物体由于其反射系数小,所反射回来的光束很弱,光敏三极管无法接受到反射光。利用反射光可以使光敏三极管实现导通和关断,从而实现对黑白物体的分辨。

电路工作过程如下:当被测物体是黑色物体时,红外光电二极管发射出的光,大部分被检测的黑色物体所吸收,反射回来的光很弱,光敏三极管无法导通,IN1 输出为高电平,IN1 点后接电压比较器,IN1 的输出大于电位器 R_{P1} 的输出,所以比较器输出高电平,发光二极管不亮;当被测物体是白色物体时,红外光电二极管发射出的光,会被反射回来,光敏三极管导通,IN1 输出低电平,IN1 的输出小于电位器 R_{P1} 的输出,所以比较器输出低电平,发光二极管亮;V_{out1} 的输出送给 MCU 或 FPGA 的 I/O 口线,MCU 或 FPGA 就可以判断此时被检测物体是白色物体还是黑色物体。

(2) 光源检测电路

光源检测电路用来判断光源的位置,如图 4.32 所示。

电路工作过程如下:由光敏二极管 VD_2 对光源进行检测,当光敏二极管接收到光源发出的光时,VT_1 和 VT_2 导通,A 点为低电平,VT_3 不能导通,B 点为高电平;当光敏二极管未接收到光源发出的光时,VT_1 和 VT_2 不导通,A 点为高电平,VT_3 导通,B 点为低电平;B 点的输出送给 MCU 或 FPGA 的 I/O 口线,MCU 或 FPGA 就可以判断此时光敏二极管是否检测到了光源。

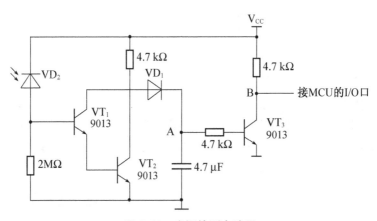

图 4.32　光源检测电路图

(3) 测量光亮度电路

测量光亮度电路可以用作路灯控制器,实现自动开关路灯,如图 4.33 所示。

LX1970 是集成可见光亮度传感器,是美国 Microsemi 公司的产品。LX1970 把接收到的可见光转换成电流信号,接收光的波段与人眼非常接近,也像人眼一样灵敏,在峰值波长为 520 nm 时的灵敏度为 0.38 μA/lx,SRC 为输出电流源的引出端,SNK 为电流接收器的引出端。

可见光亮度通过 LX1970 转换成电流从 SRC 端输入,通过 50 k 的电阻把电流转换成电压接入到 ADC 中,把可见光亮度转换成数字量供 MCU 读取。

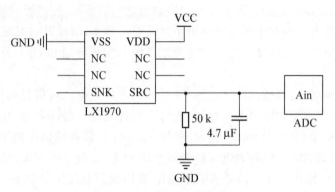

图 4.33　测量光亮度电路图

4.4.5　超声波传感器

超声波是振动频率高于 20 kHz 的机械波,它有频率高、波长短、绕射现象小,特别是方向性好、能够成射线定向传播等特点。超声波传感器可以用来测量距离,探测障碍物,区分被测物体的大小。

1. 工作原理

超声波检测装置包含一个发射器和一个接收器。发射器向外发射一个固定频率的超声波信号,当遇到障碍物时,超声波返回被接收器接收。

超声波探头可由压电晶片制成,超声波探头既可以发射超声波,也可以接收超声波。小功率超声探头多做探测用。

2. 超声波传感器的发射/接收电路

(1) 超声波传感器的发射电路

超声波传感器的发射电路如图 4.34 所示,用 MCU 或 FGPA 产生 40 kHz、占空比为 50% 的方波,通过后面的非门电路驱动超声波探头。两个非门并联是为了提高驱动能力,电容是为了滤除输出信号中的直流部分,最后通过超声波发射传感器将信号发射出去。

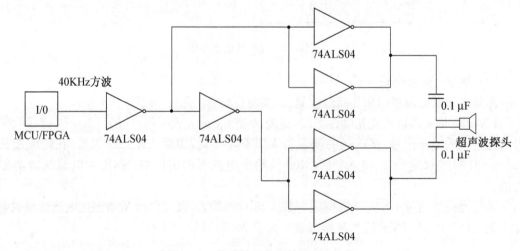

图 4.34　超声波传感器的发射电路图

通过 MCU 的定时器,得到超声波发射到接收需要的时间 t,从而得出距离 s,公式如下:

$$s = v \times t/2 \qquad\qquad\qquad (4-3)$$

因为时间是超声波在障碍物与发射头之间的往返时间,所以要除以 2,v 是声速,按照现场的温度来取值,一般室内取 340 m/s。

(2) 超声波传感器的接收电路

超声波传感器的接收电路,如图 4.35 所示。电路工作过程如下:超声波接收传感器接收超声波信号,经过 $0.22\ \mu\text{F}$ 电容阻隔直流后,通过运算放大器 NE5532 进行两级带通滤波放大,因为 NE5532 采用单电源供电,所以同相端接入电压为 $V_{\text{CC}}/2$。滤波放大后的超声波信号进入电压比较器 LM311,LM311 的同相端为参考电压输入端,当输入电压低于参考电压时,LM311 输出低电平,当输入电压高于参考电压时,LM311 输出高电平。50 k 的电位器用于调整参考电压的大小,一般情况下距离越远,对应的参考电压越小。将调整后的超声波信号输出到 MCU 的外部中断引脚,当有信号输入时,便进入中断模式。

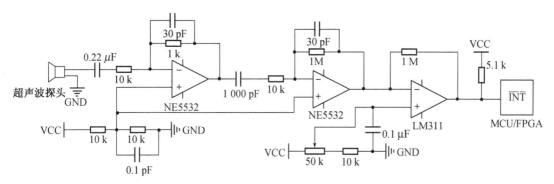

图 4.35　超声波传感器的接收电路图

4.4.6　气压传感器

一般把作用于单位面积上空气柱的重量称为大气压力。在空间垂直方向上气压随高度增加而降低。

1. 工作原理

气压传感器的作用是将气压信息转换为电流或电压输出,转换后的电流或电压输出是模拟信号,还必须进行 A/D 转换。

气压传感器的主要性能参数如下:

(1) 测量范围:能测量的大气压力范围,单位为 kPa;

(2) 测量精度:测量结果的精度;

(3) 温度补偿范围:一般要选用具有温度补偿能力的气压传感器。

2. 气压测量电路

(1) 气压传感器 MPX4105

MPX4105 是美国摩托罗拉公司生产的集成压力传感芯片,可以产生与气压呈线性关系的高精度模拟输出电压,具有如下特点:

① 供电电压:$4.85 \sim 5.35\text{ V}$;

② 测量范围：15～105 kPa；

③ 温度补偿范围：−40～125 ℃；

④ 输出电压范围：0.306～4.986 V。

（2）气压测量电路

气压测量电路如图 4.36 所示。气压传感器芯片 MPX4105 把气压转换成模块电压，要进行 A/D 转换，才能交给 MCU 处理，也可以通过 V/F 转换电路，来实现模拟电压的数字化处理。

V/F 转换电路由 V/F 器件实现，V/F 器件的作用是将输入电压的幅值转换成频率与输入电压幅值成正比的脉冲序列，可以远距离传送并能直接输入到 MCU 的计数器引脚，完成频率的测量，从而实现 A/D 转换功能。

LM331 是美国国家半导体公司生产的一款高精度电压/频率转换芯片，在电路中完成气压传感器输出的电压信号的 V/F 转换，输出的频率信号直接送到 MCU/FGPA 的计数器引脚，从而完成气压的数字化。

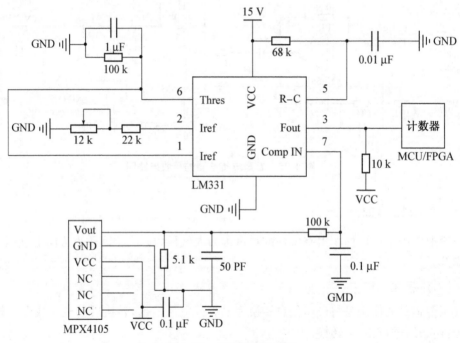

图 4.36　气压测量电路图

4.5　存储模块

嵌入式系统存储器可以分为程序存储器和数据存储器，程序存储器用来存放程序和表格常数；数据存储器用来存放程序运行所需要给定的参数、运算中间数据及运行结果。当 MCU 内部的存储器容量不能满足要求时，就必须通过外接存储芯片对存储系统进行扩展。可以扩展存储的芯片有 SRAM、DRAM、EEPROM、FLASH、SD 卡等，扩展的方式有并行扩展、串行扩展。

4.5.1　静态 RAM

RAM 就是随机存取存储器,主要用于程序运行过程当中数据的临时存储,断电后数据丢失,也称为易失性存储器。有两种类型:静态随机存取存储器(SRAM)和动态随机存取存储器(DRAM)。

1. 功能说明

SRAM 依靠触发器存储二进制信息,因此 SRAM 所存信息可以长久保存,无须刷新电路。常用 SRAM 如表 4.2 所示。

表 4.2　常用 SRAM 一览表

型号	存储容量	最大存取时间/ns	所用工艺	所需电源/V	管脚数
2128	2 K×8	150~200	HMOS	+5	24
6116	2 K×8	200	CMOS	+5	24
6264	8 K×8	200	CMOS	+5	24
62128	16 K×8	200	CMOS	+5	24
62256	32 K×8	200	CMOS	+5	24

2. 51 单片机扩展两片 SRAM6264 电路图

6264 是 8 KB 的 SRAM,引脚分布如图 4.37 所示。有四类引脚:数据输入输出线、地址线、片选线、读写线,数据输入输出线 8 位,地址线 13 位,扩展方式属于并行扩展。

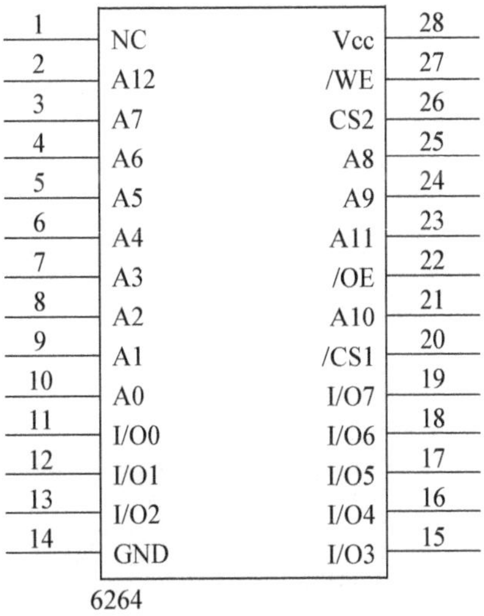

扩展 SRAM6264 也就是要完成芯片的地址线、数据线、片选线、读写线与 MCU 相应 I/O 口线的连接问题。扩展电路图如图 4.38、4.39 所示,本扩展电路中,MCU 外部 SRAM 的地址空间为 64 KB,只扩展了 16 KB。

51 单片机的 P0 口分时作为数据总线和低 8 位地址总线使用,借助于 74LS373 锁存器和 ALE 信号,锁存低 8 位地址总线,接到两片 6264 的低 8 位地址线,这样 P0 口就可以作为数据总线直接接到两片 6264 的数据线上。

图 4.37　8 K×8 SRAM6264 引脚分布图

P2 口作为高 8 位地址总线,用 5 根端口线接到两个 SRAM 的高 5 位地址线;P27 用于上片 6264 的片选线,P26 用于下片 6264 的片选线,上片 6264 的地址范围是 A000H~BFFFH,下片的地址范围是 6000~7FFFH,以上地址的计算时采取无关地址位取"1"的原则,由于片选采取的是线选法,所以两片 6264 的存储单元地址不连续,还可以采取高 3 位地址线外接 3-8 译码器得到 6264 的片选信号。51 单片机的读写控制线接到两片 6264 的读写线上。

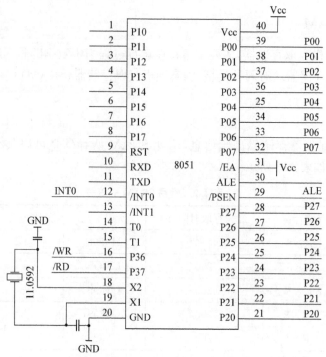

图 4.38 基于 6264 的扩展 16 KB RAM51 单片机部分电路图

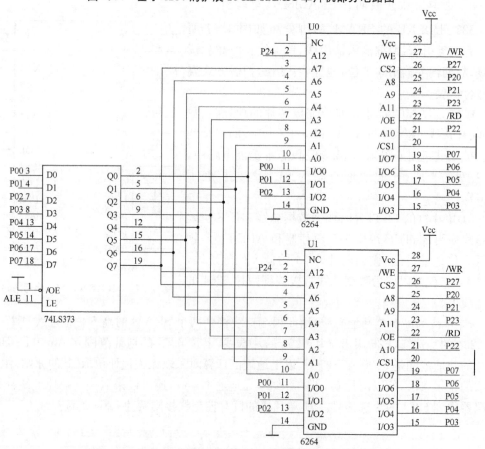

图 4.39 基于 6264 的扩展 16 KB RAM51 存储器部分电路图

4.5.2　I^2C 串行 EEPROM

电擦除可编程只读存储器 EEPROM 是一种可用电气方法在线擦除和再编程的只读存储器,它既有 RAM 可读可改写的特性,又具有非易失性存储器 ROM 在掉电后仍能保持所存储数据的优点。EEPROM 构造更复杂,但是擦写次数可达百万次,可字节擦除。在嵌入式系统中,通常采用 EEPROM 作为需要掉电保存数据的存储器。EEPROM 有串行和并行两大类。

1. AT24C02

AT24C02 是美国 Atmel 公司的低功耗 CMOS 二线制串行 EEPROM,是基于 I^2C 总线接口的存储器件,内含 256×8 b 存储空间,具有接口方便、工作电压宽($2.5 \sim 5.5$ V)、擦写次数大于 10 000 次、写入速度快(小于 10 ms)、体积小、数据掉电不丢失等特点,在仪器仪表及工业自动化控制中得到大量的应用。

AT24CXX 系列串行 EEPROM 的容量如表 4.3 所示。

表 4.3　常用 I^2C 串行 EEPROM AT24CXX 系列

AT24CXX	容量	封装
AT24C01	128×8 b	DIP - 8 SOIC - 8
AT24C02	256×8 b	同上
AT24C04	512×8 b	同上
AT24C08	1 K$\times 8$ b	同上
AT24C16	2 K$\times 8$ b	同上
AT24C32	4 K$\times 8$ b	同上
AT24C64	8 K$\times 8$ b	同上

2. 扩展两片 AT24C02 电路图

AT24C02 是 2Kb 的串行 EEPROM,引脚分布如图 4.40 所示。

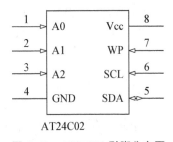

AT24C02

图 4.40　AT24C02 引脚分布图

AT24C02 的引脚功能说明如下。

(1) $A_0 \sim A_2$:器件地址选择位,在同一串行总线上最多可扩展 8 片同一容量或不同容量的 24C 系列串行 EEPROM 芯片,每个芯片有唯一的器件地址,通过 $A_0 \sim A_2$ 接高低电平可以设计器件的地址。

(2) WP:硬件写保护控制端,高电平时,写保护,芯片处于只读状态。

(3) SCL:I^2C 总线时钟信号,上升沿可将数据写入 EEPROM,下降沿可将数据从 EEPROM 中读出(要加一个上拉电阻)。

(4) SDA:I^2C 总线串行数据输入输出端,漏极开路驱动(要加一个上拉电阻)。

扩展两片 AT24C02 电路图如图 4.41 所示。两片 AT24C02 挂在同一个 SDA、SCL 总线上,通过 $A_0 \sim A_2$ 配置两个器件的地址,上片的读写地址为 A1H、A0H,下片的读写地址为 A3H、A2H,MCU 把读写地址信号通过 SDA 送入 AT24C02 后,AT24C02 会与自身的地址进行匹配比较,匹配成功后 AT24C02 才会执行 MCU 的读写指令。I/O_1 用于写保护的控制,I/O_1 为低,可以正常读写,发光二极管点亮,I/O_1 为高,WP 信号通过上拉电阻到 V_{CC},芯片处于数据写保护状态,只能对 AT24C02 执行读操作。

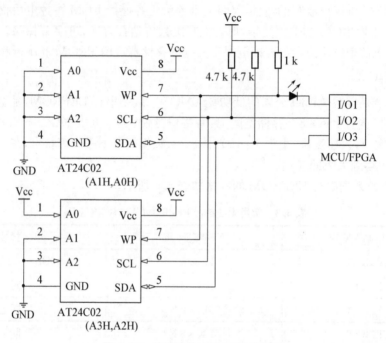

图 4.41　扩展两片 AT24C02 电路图

4.5.3　SPI 串行 EEPROM

SPI 串行设备通信是美国 Motorola 公司设计的一种三线制同步串行通信标准,在这种通信协议中,产生串行时钟的器件称为主机,接收外部时钟信号的器件称为从机。SPI 串行 EEPROM 芯片一般作为从机使用。

1. AT25C01

AT25C01 是美国 Atmel 公司的低功耗 CMOS 三线制串行 EEPROM,是基于 SPI 总线接口的存储器件,内含 128×8 b 存储空间。AT25C01 引脚分布如图 4.42 所示。

AT25C01 的引脚功能说明如下:

(1) CS:片选信号,低电平有效,高电平时 SI、SO 为高阻态;

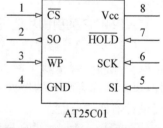

图 4.42　AT25C01 引脚分布图

(2) SCK:串行时钟输入信号,每个时钟信号传送一位数据;

(3) SI:串行数据输入,用于写入与时钟输入信号同步的数据;

(4) SO:串行数据输出,读操作中用于锁定与时钟输入信号同步的数据输出;

(5) WP:写保护输入,低电平有效,高电平时,芯片可以进行正常的读写;

(6) HOLD:暂停串行输入,低电平有效。

2. 扩展一片 AT25C01 电路图

扩展一片 AT25C01 电路图如图 4.43 所示。

I/O$_1$ 用于芯片的片选控制;I/O$_3$ 用于写保护的控制;I/O$_5$ 用于发送 SPI 串行时钟信号;I/O$_2$ 用于 AT25C01 发送串行数据给 MCU;I/O$_4$ 用于 MCU 发送串行数据给 AT25C01。

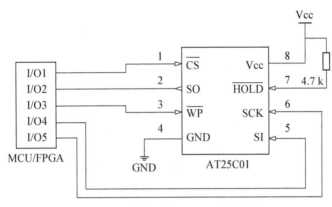

图 4.43　扩展一片 AT25C01 电路图

4.5.4　SPI 串行 Flash

Flash 存储器又称闪存,它结合了 ROM 和 RAM 的长处,不仅具备电擦除可编程只读存储器(EEPROM)的性能,还不会断电丢失数据同时可以快速读取数据(NVRAM 的优势),U盘和 MP3 中用的就是这种存储器。在过去的 20 年里,嵌入式系统一直使用 ROM(EPROM)作为它们的程序代码存储设备,然而近年来 Flash 全面代替了 ROM(EPROM)在嵌入式系统中的地位,用作存储 Bootloader、操作系统、程序代码或者直接当硬盘使用(U 盘)。

与 EEPROM 相比,Flash 存储器容量可以很大,擦写寿命 1 万～10 万次,块是擦除操作的最小单位,擦除操作将块内所有的位置为“1”。页是读、写操作的基本单位。

Flash 存储器根据其内部架构和实现技术可以分为 NOR Flash 和 NAND Flash 两大类。NOR Flash 可以按字节读取数据,并直接运行代码(作 ROM 用),MCU 中的 Flash ROM 就属于 NOR Flash;NAND Flash 只能按扇区读取数据,不能在上面运行代码,U 盘使用的就是NAND Flash。

1. AT45D041A

AT45D041A 是美国 Atmel 公司设计的单 5 V 供电、带串行接口的 Flash 存储器,该芯片特别适合于在系统反复编程,其 4 兆位的存储容量被分为 2 048 页,每页 264 个字节。除了主存储页外,AT45D041A 还包含 2 个 SRAM 数据缓冲区,每个区的容量均为 264 个字节,当主存储页正在编程时,缓冲区可接收外部数据。简单的串行接口简化了硬件电路,使线路板尺寸变小,成本降低,抗干扰能力增强,系统的可靠性得以提高。AT45D041A 引脚分布如图 4.44所示。

AT45D041A 的引脚功能说明如下。

(1) CS:片选信号,低电平有效,高电平时 SI、SO 为高阻态;

(2) SCK:串行时钟输入信号,每个时钟信号传送一位数据;

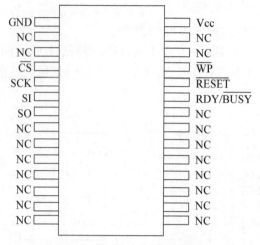

图4.44 AT45D041A引脚分布图

(3) SI:串行数据输入,用于写入与时钟输入信号同步的数据;

(4) SO:串行数据输出,读操作中用于锁定与时钟输入信号同步的数据输出;

(5) WP:硬件页写保护输入,低电平有效,输入高电平时,芯片可以进行正常的读写;

(6) RESET:复位信号,低电平有效;

(7) RDY/BUSY:忙状态输出。

2. 扩展一片 AT45D041A 电路图

扩展一片 AT45D041A 电路图如图 4.45 所示。I/O1 用于芯片的片选控制;I/O2 用于发送 SPI 串行时钟信号;I/O3 用于 MCU 发送串行数据给 AT45D041A;I/O4 用于 AT45D041A 发送串行数据给 MCU。

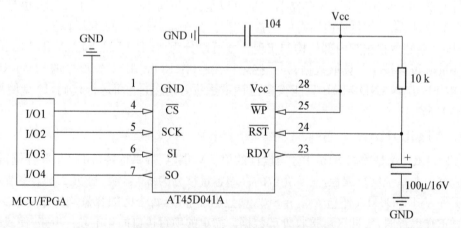

图4.45 扩展一片 AT45D041A 电路图

4.6 电源模块

电源模块是为整个电子系统提供电源的模块,电源模块的稳定可靠是整个系统平稳运行的前提和基础,是电路设计中非常关键的一个环节。电子系统常用的直流电源模块可以分为线性电源和开关电源两类,本节重点介绍整流滤波模块、三端固定式(正、负压)集成稳压器、三端可调式(正、负压)集成稳压器以及 DC - DC 电路等组成的典型电路设计。

4.6.1　整流滤波模块

整流滤波模块是直流电源模块的一个重要组成部分,如图 4.46 所示。

电路工作过程如下:市电交流 220 V 经过变压器降压到 17 V 或所需要的电压后接入到 3 芯端子上,通过整流电路变成脉动直流,整流电路主要有半波整流、全波整流,常用全波整流,常用的整流二极管有 1N4007、1N5148,桥堆 RS210 等;再通过滤波电路以减少电路的纹波,常见的滤波电路有 RC 滤波、LC 滤波、Ⅱ 型滤波等,常用 RC 滤波电路。

船形开关 SW-DPST 是电源的开关,电容用于滤波,用高频小容量和低频大容量电容的并联可以实现全频率范围内的滤波,红色发光 LED 用于指示正电源的工作状态;绿色发光 LED 用于指示负电源的工作状态,FUSE 是可恢复熔丝,用于电路的过流保护;在输入输出电压确定的情况下,要根据电路的工作电流正确选择变压器的额定功率、船形开关的额定电流、整流桥的额定电流、可恢复熔丝的额定电流。

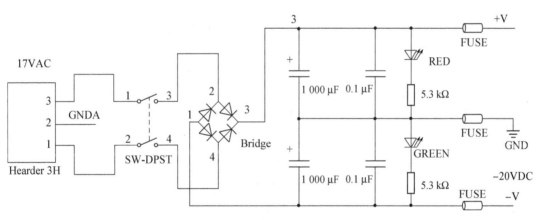

图 4.46　整流滤波电路图

4.6.2　三端固定式稳压器

1. 78 系列三端固定式正压稳压器

常用三端(电压输入端、电压输出端、公共接地端)固定式正压稳压器为 78 系列,其电压差至少要大于 2 V 才能正常输出。该系列稳压器有过流、过热和调整管安全工作区保护,以防过载而损坏。其中 78 后面的数字代表稳压器输出的正电压数值(有 5 V、6 V、8 V、9 V、10 V、12 V、15 V、18 V、24 V 共 9 种输出电压)。78 系列稳压器最大输出电流分 100 mA、500 mA、1.5 A 三种。

三端固定式稳压器的应用电路如图 4.47 所示,只要把正输入电压加到 7805 的输入端,7805 的公共端接地,其输出端便能输出芯片标称正电压;芯片输入端和输出端与地之间要并接大容量滤波电容和小容量滤波电容。

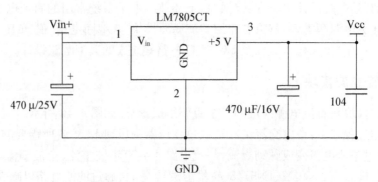

图 4.47　78 系列三端稳压器应用电路图

2. 低压差三端固定式正压稳压器

常用的低压差三端（电压输入端、电压输出端、公共接地端）固定式正压稳压器为 LM2940，其电压差只要 350 mV 就能正常输出。输出电压有 2.5 V、3.3 V、5 V，输出电流一般为 1.5 A。LM2940 应用电路与 78 系列三端稳压器类似。

3. 79 系列三端固定式负压稳压器

三端固定式负压稳压器命名为 79 系列，79 前后的字母数字意义与 78 系列完全相同。

79 系列负压稳压器的应用电路如图 4.48 所示，只要把负输入电压加到 7912 的输入端，7912 的公共端接地，其输出端便能输出芯片标称负电压；芯片输入端和输出端与地之间要并接大容量滤波电容和小容量滤波电容。D_1 为大电流保护二极管，防止在输入端偶然短路到地时，输出端大电容上储存的电压反极性加到输出、输入端之间而损坏芯片。

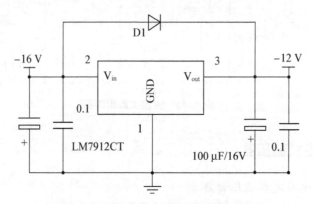

图 4.48　79 系列三端稳压器应用电路图

4. ±12 V 电源电路和 ±5 V 电源电路

±12 V 电源电路和 ±5 V 电源电路如图 4.49、图 4.50 所示。图中两个二极管 4148 为集成稳压器的保护二极管。当负载接在两输出端之间时，如果工作过程中某一芯片输入电压断开而没有输出，则另一芯片的输出电压将通过负载施加到没有输出的芯片输出端，造成芯片的损坏。接入两个二极管 4148 起到的钳位作用，保护了芯片。

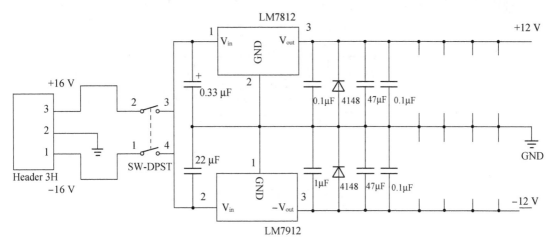

图 4.49　±12 V 电源电路图

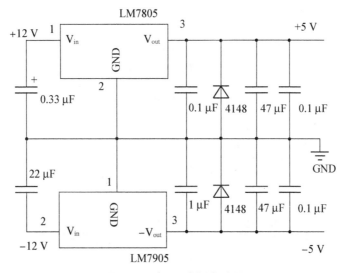

图 4.50　±5 V 电源电路图

4.6.3　三端可调式稳压器

1. LM317 和 LM337

三端(输入端、输出端、电压调节端)可调式稳压器品种繁多,如正压输出的 LM317(217/117)系列,负压输出的 LM337 系列等。其中负压输出的 LM337 系列除了输出电压极性、引脚定义不同外,其他特点与 LM317 相同。

LM317 能在输出电压为 1.25～37 V 的范围内连续可调,外接元件只需一个固定电阻和一个电位器。其芯片内也有过流过热和安全工作区保护,最大输出电流为 1.5 A。其典型电路如图 4.51 所示。其中电阻 R_1 与电位器 R_P 组成电压输出调节电位器,输出电压 U_o 的表达式为:

$$U_o = 1.25(1 + R_P/R_1) \tag{4-4}$$

式中,R_1 一般取值为(120～240 Ω)。

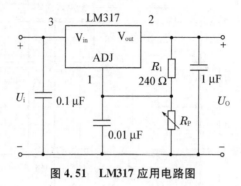

图 4.51　LM317 应用电路图

2. 正负输出电压可调电源电路

由 LM317 和 LM337 组成的正、负输出电压可调电源电路如图 4.52 所示。输出电压调节范围为±(1.2～20)V,输出电流为 1 A。

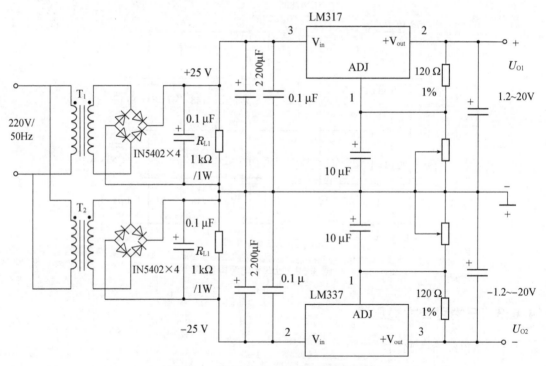

图 4.52　正、负输出电压可调电源电路图

4.6.4　电荷泵型稳压器

1. TC7660S

电荷泵型稳压器的基本工作原理是用电容从输入端充电,然后再将电容连接到输出端放电。根据电容连接到输出端的方式,电荷泵型稳压器可以实现倍压(电容串联)和反压(电容反接)。

TC7660S 是 Microchip 公司生产的小功率电荷泵型稳压器。TC7660S 的静态电流典型值为 80 μA,输入电压范围为 1.5～12 V,工作频率为 10 kHz,只需外接 10 μF 的小体积电容就可以实现反压和倍压功能。

引脚分布如图 4.53 所示。

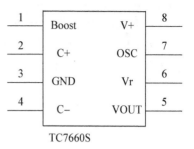

图 4.53 TC7660S 引脚分布图

2. 基本负压转换器电路

在只有单电源供电的系统中,TC7660S 可以产生需要的负电压,如图 4.54 所示,当 V_{in} 在 1.5 V～12 V 范围内是 $V_{out}=-V_{in}$,要注意,V_{in} 小于 3.5 V 时,6 号引脚(V_r)要接地。

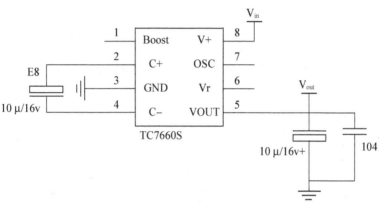

图 4.54 基本负压转换器电路图

3. 并联负压转换器电路

为了提高负电压的带负载能力,可以把 TC7660S 并联使用,以降低输出阻抗,如图 4.55 所示。

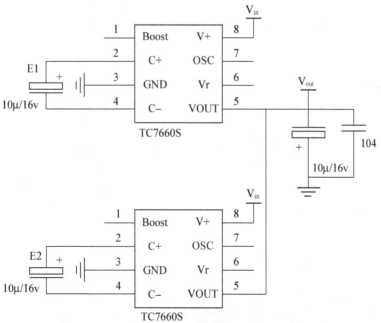

图 4.55 并联负压转换器电路图

4. 级联负压转换器电路

为了使负电压加倍数,可以把 TC7660S 级联使用,如图 4.56 所示,当 V_{in} 在 1.5 V～12 V 范围内是 $V_{out} = -2 \times V_{in}$。

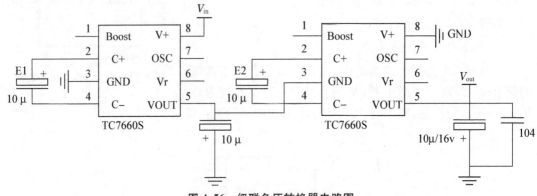

图 4.56　级联负压转换器电路图

4.6.5　开关稳压器

1. MC34063A

MC34063A 是 TI 公司设计的单片 DC/DC 变换器控制电路,只需配用少量的外部元件,就可以组成升压、降压、电压反转 DC/DC 变换器。电压输入范围为 3～40 V,输出电压的可调范围是 1.24～40 V,输出电流可达 1.5 A,工作频率可达 100 kHz,内部参考电压精度为 2%。

图 4.57 为 MC34063A 内部电路结构图,它是由带温度补偿的参考电压源(1.25 V)、比较

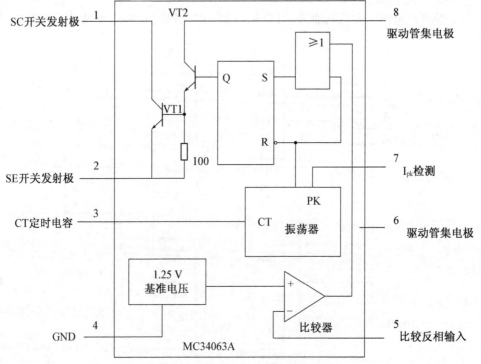

图 4.57　MC34063A 内部电路结构图

器、能有效限制电流及控制工作周期的振荡器驱动器及大电流输出开关等组成的。

2. 降压式 DC/DC 变换器电路

图 4.58 是基于 MC34063A 的降压电路,输入电压为 24 V,输出电压为 5 V。输出电压为比较器的反相输入端 5 号引脚通过外接分压电阻 R_1、R_2 监视输出电压。其中,输出电压 $U_o=1.25(1+R_2/R_1)$,可知输出电压 U_o 仅与 R_1、R_2 数值有关,因 1.25 V 为基准电压,恒定不变。$U_o=1.25(1+3.61/1.2)=5.01$ V。电路中的电阻 R_{SC} 用来检测电流,由它产生的信号控制芯片内部的振荡器,可达到限制电流的目的。

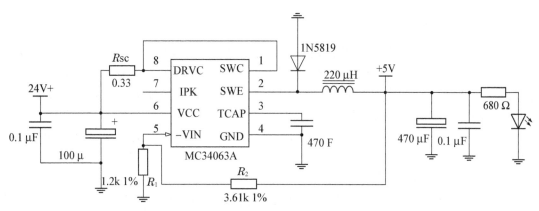

图 4.58 基于 MC34063A 的降压电路图

3. 升压式 DC/DC 变换器电路

图 4.59 是基于 MC34063A 的升压电路,输入电压为 12 V,输出电压为 28 V/175 mA。输出电压为比较器的反相输入端 Pin5 通过外接分压电阻 R_1、R_2 监视输出电压。其中,输出电压 $U_o=1.25(1+R_2/R_1)$,可知输出电压 U_o 仅与 R_1、R_2 数值有关,因 1.25 V 为基准电压,恒定不变。$U_o=1.25(1+47/2.2)=27.95$ V。电路中的电阻 R_{SC} 用来检测电流,由它产生的信号控制芯片内部的振荡器,可达到限制电流的目的。

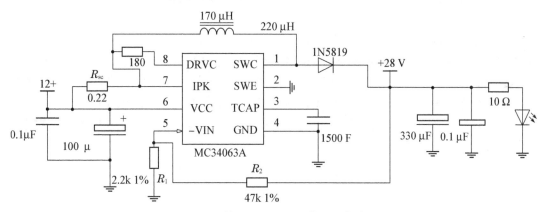

图 4.59 基于 MC34063A 的升压电路图

4.7 处理器模块

在嵌入式控制系统设计中,处理器是整个控制系统的大脑。处理器模块就是该处理器的最小系统,也就是使该 MCU 能够正常工作所需的最基本的电路,一般包括电源电路、复位电路、时钟电路、仿真/编程电路等。本节介绍常用处理器的最小系统模块。

4.7.1 STC89C52

1. STC89C52RC 简介

STC89C52RC 是 STC 公司生产的一种低功耗、高性能 CMOS 8 位微控制器,使用经典的 MCS-51 内核,但是做了很多的改进使得芯片具有传统 51 单片机不具备的功能。在单芯片上,拥有灵巧的 8 位 CPU 和在系统可编程 Flash,使得 STC89C52 为众多嵌入式控制应用系统提供高灵活、有效的解决方案。

STC89C52RC 具有 8 KB Flash,512 B RAM,32 位 I/O 口线,看门狗定时器,内置 4 KB EEPROM,3 个 16 位定时器/计数器,4 个外部中断,一个 7 向量 4 级中断结构(兼容传统 51 的 5 向量 2 级中断结构),全双工串行口。支持 2 种软件可选择节电模式。空闲模式下,CPU 停止工作,允许 RAM、定时器/计数器、串口、中断继续工作。掉电保护方式下,RAM 内容被保存,振荡器被冻结,单片机一切工作停止,直到下一个中断或硬件复位为止。支持 ISP(在系统可编程)/IAP(在应用可编程),无需专用编程器,可通过串口(RxD/P3.0,TxD/P3.1)直接下载用户程序。

2. STC89C52RC 最小系统电路

STC89C52RC 最小系统电路如图 4.60 所示。其中:

(1) 电路的工作电压为 3.3~5.5 V;

(2) 复位电路采用上电复位加按键复位,在工业控制中也可以使用看门狗定时器;

(3) 时钟电路采用外接无源晶振方式,也可以把一个外部时钟源(有源晶振)接到引脚 X1 上,引入外部时钟信号;

(4) 由于 STC89C52RC 可以通过串口直接下载用户程序,通过芯片 MAX202 完成 TTL 电平到 RS232 电平的转换,通过 P1 端子接入到 PC 机的 RS232 串口上,一方面可以下载程序,另一方面结合 PC 机上的串口调试助手来调试程序,也可以用 USB 转 TTL 芯片如 CH341A 代替芯片 MAX202,这样就可以通过 PC 机的 USB 口来下载程序;

(5) 通过两个 20 引脚的排针把相应的 I/O 口线引出来,方便与其他电路模块的连接和调试。

4.7.2 ATmega16

1. ATmega16 简介

Atmega16 是 Atmel 公司生产的基于增强 AVR RISC 结构的低功耗 8 位 CMOS 微控制器。由于其先进的指令集以及单时钟周期指令执行时间,ATmega16 的数据吞吐率高达 1MIPS/MHz,从而可以减缓系统在功耗和处理速度之间的矛盾。

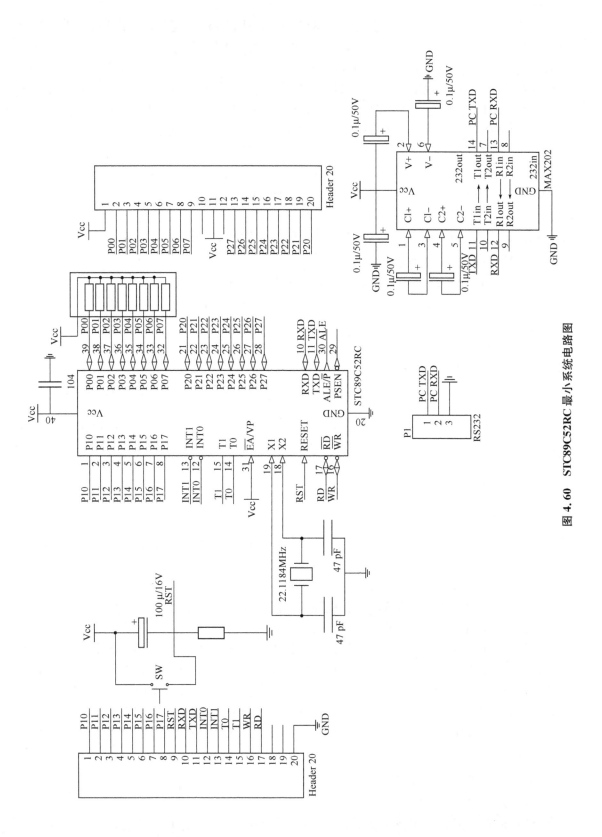

图 4.60　STC89C52RC 最小系统电路图

ATmega16 具有 16 KB 的系统内可编程 Flash（具有同时读写的能力，即 RWW），512 B EEPROM，1 KB SRAM，32 个通用 I/O 口线，32 个通用工作寄存器，用于边界扫描的 JTAG 接口，支持片内调试与编程，三个具有比较模式的灵活的定时器/计数器（T/C），片内/外中断，可编程串行 USART，8 路 10 位具有可选差分输入级可编程增益的 ADC，还具有片内振荡器的可编程看门狗定时器，一个 SPI 串行端口，以及六个可以通过软件进行选择的省电模式。

片内 ISP Flash 允许程序存储器通过 ISP 串行接口，或者通用编程器进行编程，也可以通过运行于 AVR 内核之中的引导程序进行编程。引导程序可以使用任意接口将应用程序下载到应用 Flash 存储区（ApplicationFlash Memory）。在更新应用 Flash 存储区时引导 Flash 区（Boot Flash Memory）的程序继续运行，实现 RWW 操作。

通过将 8 位 RISC CPU 与系统内可编程的 Flash 集成在一个芯片内，ATmega16 成为一个功能强大的单片机，为许多嵌入式控制应用提供了灵活而低成本的解决方案。

2. ATmega16 最小系统电路

ATmega16 最小系统电路如图 4.61 所示。其特点是：

（1）ATmega16L 工作电压 2.7～5.5 V，ATmega16 工作电压 4.5～5.5 V；

（2）复位电路采用上电复位加按键复位；

（3）时钟电路采用外接无源晶振方式，也可以把时钟源设置为内部 RC 振荡器、外部 RC 振荡器、外部低频晶振、外部时钟；

（4）J_1 是 ISP 下载接口，可以通过 J_1 对 Flash 和 EEPROM 进行编程，J_2 是 JTAG 仿真接口；

（5）通过两个 20 引脚的排针把相应的 I/O 口线引出来，方便与其他电路模块的连接和调试。

4.7.3　MSP430F149

1. MSP430F149 简介

MSP430F149 单片机是 TI 公司推出的一种 16 位超低功耗的混合信号处理器（Mixed Signal Processor），主要是针对实际应用需求，把许多模拟电路、数字电路和微处理器集成在一个芯片上，以提供"单片"混合信号处理的解决方案。MSP430F149 基于 16 位精简指令集（RISC）架构，具有低电压、超低功耗、快速苏醒、内置片内比较器等特点，广泛应用于仪器仪表、专用设备智能化管理及过程控制等领域。

MSP430F149 具有 60 KB＋256 B 的系统内可编程 Flash，2 KB SRAM，48 个通用 I/O 口线，电源电压范围为 1.8～3.6 V，有内部基准、采样保持和自动扫描功能的 12 位 SAR 型 ADC，共有 16 路输入通道，AD 的参考源可选择内部电压参考源或外部电压参考源，有 3 个捕捉/比较寄存器的 16 位定时器 A、7 个捕捉/比较及影子寄存器的 16 位定时器 B，器件上有两个 USART、片载比较器，串行板上编程、无需外部编程电压、通过安全保险丝实现的可编程代码保护，有 5 种省电模式，可在不到 6 μs 的时间内从待机模式唤醒。

2. MSP430F149 最小系统电路

MSP430F149 最小系统电路如图 4.62 所示。其特点是：

（1）复位电路采用上电复位加按键复位，也可用专用复位芯片 IMP811 实现手动复位；

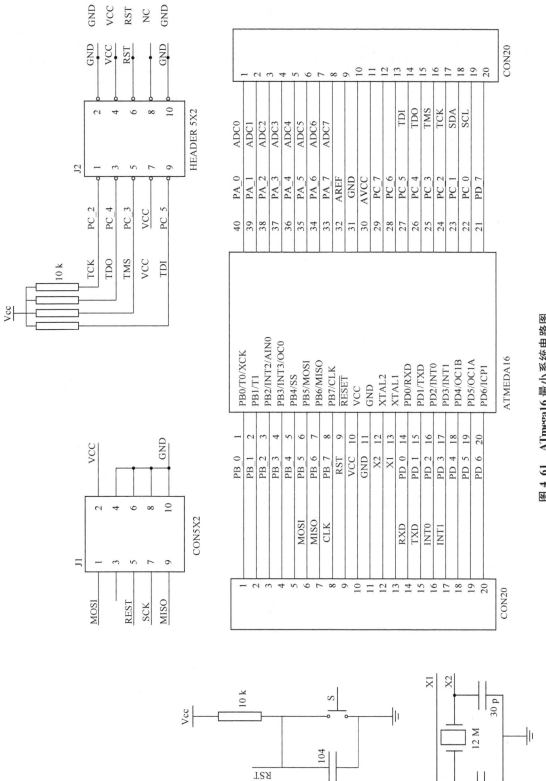

图 4.61 ATmega16 最小系统电路图

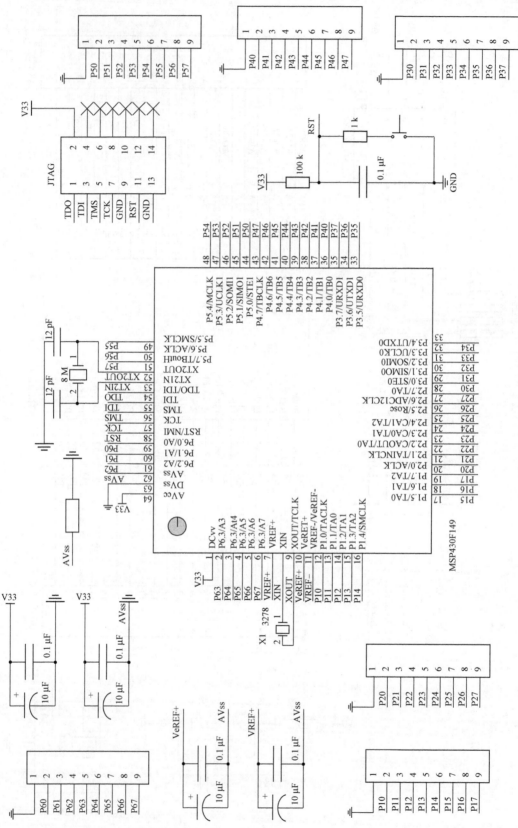

图 4.62 MSP430F149 最小系统电路图

（2）MSP430F149 有 3 个时钟源，分别是内部 RC 振荡器、低频振荡器、高频振荡器，本电路中低频振荡器采用 32 768 Hz 手表晶振实现，高频振荡器采用 8 MHz 的晶振实现；

（3）JTAG 是仿真调试接口，可用于下载程序并进行在线仿真调试；

（4）MSP430F149 有 ADC12 模块，P6 口第二功能为 AD 输入端，所以模拟地和数字地要分开，外部参考电源或内部参考电源都要对模块地并接电容进行滤波；

（5）通过 6 组 9 引脚的排针把相应的 I/O 口线引出来，方便与其他电路模块的连接和调试。

4. 7. 4 STM32F103

1. STM32F103 简介

STM32F103 是意法半导体（ST）公司推出的一种 32 位基于 Cortex-M3 内核的增强型系列 ARM 微控制器，最高工作频率 72 MHz，储存器访问周期为 1.25DMIPS/MHz，支持单周期乘法和硬件除法，集高性能、实时功能、数字信号处理、低功耗与低电压操作等特性于一身，同时还保持了集成度高和易于开发的特点。广泛应用于仪器仪表、电力电子、医疗、手持设备及过程控制等领域。

STM32F103RBT6 有 128KB 的 Flash 存储器，20 KB SRAM，49 个通用 I/O 口线，除了模拟输入，其余都可以接受 5 V 以内的输入；电源电压范围为 2.0~3.6 V；支持的外设有定时器/计数器、DMA 控制器、ADC 等；支持的通信接口有 SPI、I²C、USART、USB、CAN 等；3 种低功耗模式有休眠、停止、待机模式；调试模式有串行调试（SWD）、JTAG 接口。

2. STM32F103RBT6 最小系统电路

STM32F103RBT6 最小系统电路如图 4.63 所示。其电路特点是：

（1）电源采用稳压芯片 REG1117 - 3.3 V，加了电源指示灯和滤波电容；

（2）复位电路采用上电复位加按键复位，也可用专用复位芯片 IMP811 实现手动复位；

（3）STM32F103RBT6 有 4 个时钟源，分别是内部高速 RC 振荡器、内部低速 RC 振荡器、外部低频振荡器、外部高频振荡器，本电路中外部低频振荡器采用 32 768 Hz 手表晶振实现，外部高频振荡器采用 8 MHz 的晶振实现，通过 PLL 倍频，工作频率可达 72 MHz；

（4）JTAG 是仿真调试接口，采用的是串行调试（SWD），可用于下载程序并进行在线仿真调试；当通过跳线 JP 配置 BOOT0＝1，BOOT1＝0，TTL 端子外接 USB 转 TTL 模块时，可以实现 ISP 串口下载程序；

（5）通过 2 组 26 引脚的双排针把相应的 I/O 口线引出来，方便与其他电路模块的连接和调试。

4. 7. 5 EPM7128S

1. EPM7128S 简介

CPLD（Complex Programmable Logic Device）是复杂可编程逻辑器件。是一种用户根据各自需要而自行构造逻辑功能的数字集成电路。可以通过传统的原理图输入法，或是硬件描述语言设计一个数字系统。

通过软件仿真，我们可以事先验证设计的正确性。借助集成开发软件平台，用原理图、硬

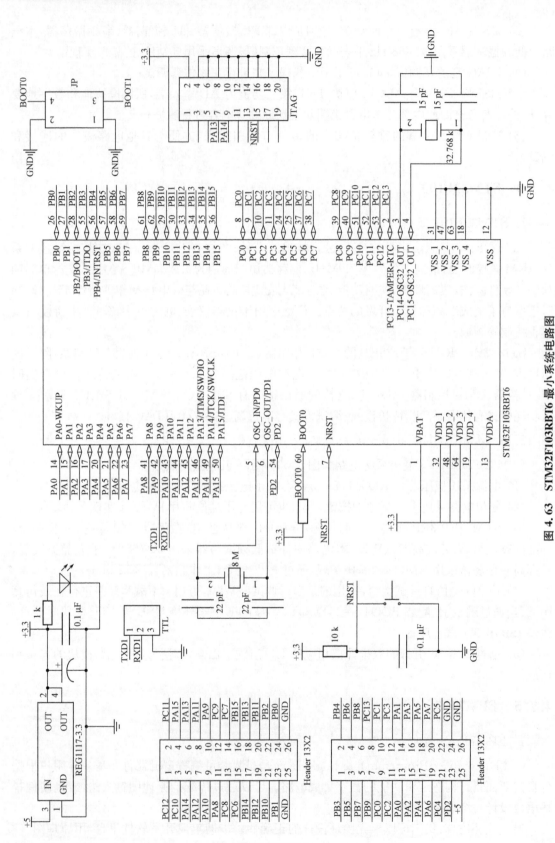

图 4.63 STM32F103RBT6 最小系统电路图

件描述语言等方法,生成相应的目标文件,通过下载电缆将代码传送到目标芯片中,实现设计的数字系统。用 CPLD 来开发数字电路,可大大缩短设计时间,减少 PCB 面积,提高系统的可靠性。

EPM7128STC100‑10 芯片是 Altera 公司的 MAX7000 系列工业级的 CPLD,是基于 EEPROM 的可编程逻辑器件,具有高阻抗、电可擦等特点,2 500 个可使用的逻辑门、128 个宏单元、8 个逻辑阵列块,100 个管脚,84 个用户 I/O 管脚,最大支持晶振 147.1 MHz,速度等级为－10,管脚间最大延迟为 6 ns,工作电压为＋5 V,该芯片有高性能和高稳定性等特点,能满足一般用户的设计需求。

2. EPM7128STC100‑10 最小系统电路

EPM7128STC100‑10 最小系统电路如图 4.64 所示。其电路的特点是:

(1) 采用直流 5 V 电源供电,电路中有电源滤波电路和电源指示灯电路(图中没有画出);

(2) 50 MHz 有源晶振输出时钟信号给全局时钟 GCLK1,另一有源晶振输出时钟信号给全局时钟 GCLK2(图中没有画出);

(3) 有 JTAG 接口,可以借助 USB‑Blaster 下载工具下载逻辑程序;

(4) OE1(全局输出使能)、GLCRn(全局清零)分别引出,方便选择输入高电平或者低电平;

(5) 通过 4 组 22 引脚的双排针把相应的 I/O 口线引出来,方便与其他电路模块的连接和调试,I/O 口输出电平为 TTL。

4.8　A/D、D/A 转换模块

在嵌入式控制系统的大量应用场合中,数据转换器在整个电路系统设计中占据着十分重要的位置。大多数需要监控的物理量都是模拟量,如温度、压力、湿度、位移等,MCU 或 FPGA 不能直接对模拟量进行处理,这中间不可或缺的就是模/数转换器(Analog‑Data Convertor),也就是 ADC 或 A/D 转换器,A/D 转换器就是一种能把模拟量转换成相应的数字量的电子器件。通常应用于 MCU 的输入通道,在 MCU 控制系统中用于数据采集,向 MCU 提供被控对象的各种实时参数,以便 MCU 对被控制对象实行监控。

当 MCU 或 FPGA 对数字信号进行处理后,其结果如果要以模拟量的形式反馈到现实世界,这时就需要数/模转换器(Data‑Analog Convertor),也就是 DAC 或 D/A 转换器,D/A 转换器就是一种能把数字量转换成相应的模拟量的电子器件。D/A 转换器通常应用于 MCU 的输出通道,用于模拟控制,通过机械、电气、液压手段对被控对象进行调整和控制。

A/D 和 D/A 转换器是 MCU 和被控实体之间的桥梁,贯通了模拟世界和数字世界,从而实现以 MCU 为中心的被控实体闭环自动控制。本节重点介绍 A/D 和 D/A 转换器等组成的典型电路设计。

4.8.1　A/D 转换模块

常用的 A/D 转换器有积分型、逐次逼近型、并行比较型、Σ‑Δ 调制型、压频变换型等。

1. 积分型

积分型 A/D 工作原理是将输入电压转换成时间(脉冲宽度信号)或频率(脉冲频率),然后

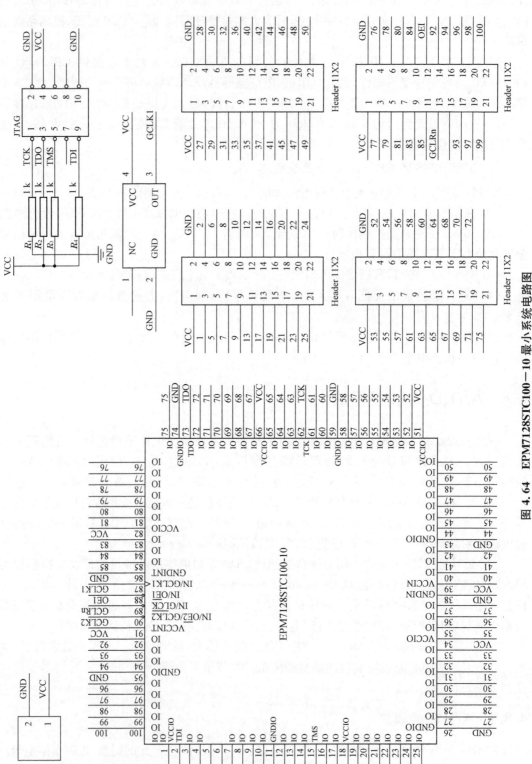

图 4.64 EPM7128STC100—10 最小系统电路图

由定时器/计数器获得数字值。优点是具有高分辨率、精度高、抗干扰能力强,缺点是由于转换精度依赖于积分时间,因此转换速率低。

2. 逐次逼近型

逐次逼近型 A/D 由一个比较器和 D/A 转换器通过逐次比较逻辑构成,从 MSB 开始,顺序地对每一位将输入电压与内置 D/A 转换器输出进行比较,经 n 次比较而输出数字值。优点是速度较高、功耗低。为提高逐次逼近型 A/D 的总体转换速度,可减少内部 D/A 的建立时间对速度的影响,现代的逐次逼近型 A/D 多数采用电荷重分配的 CDAC 输入结构,将采样保持与 DAC 合为一体,又叫电容阵列式逐次逼近型 A/D。

3. 并行比较型

并行比较型 A/D 采用多个比较器,仅做一次比较而实行转换,又称 Flash(快速)型。由于转换速率极高,n 位的转换需要 $2n-1$ 个比较器,因此电路规模也极大,价格也高,适用于视频A/D 转换器等速度特别高的领域。

4. Σ-Δ 调制型

Σ-Δ 型 A/D 由积分器、比较器、1 位 D/A 转换器和数字滤波器等组成。原理上近似于积分型,将输入电压转换成时间(脉冲宽度)信号,用数字滤波器处理后得到数字值。因此具有高分辨率,主要用于音频和测量。

4.8.2　MAX187

1. MAX187 简介

MAX187 是 Maxim 公司的串行 12 位模数转换器,是逐次逼近式 ADC,可以在单 5 V 电源下工作,接受 0~5 V 的模拟输入。快速采样/保持(1.5 μs),片内时钟。

MAX187 转换速度为 75 kSPS,通过一个外部时钟从内部读取数据,高速 3 线串行接口,接口与 SPI、QSPI、Microwire 兼容,与 MCU/FPGA 接线方式特别简单。

MAX187 有内部 4.096 V 电压基准源。电源消耗为 7.5 mW,在关断模式下可以减少至10 μW。具有优异的 AC 特性、极低的电源消耗、使用简单、较小的封装尺寸等特点,广泛应用于移动式数据采集、远程数字信号处理、高精度过程控制或其他对电源消耗和空间要求苛刻的地方。

2. MAX187 应用电路

MAX187 应用电路如图 4.65 所示。电路的特点:

(1) MAX187 的 SHDN 引脚是关断输入,输入低电平时关闭 MAX187,进入低功耗模式,本电路中接高电平,不关闭 MAX187。

(2) MAX187 有内部 4.096 V 电压基准源,可以通过 REF 引脚输出,当使用内部参考源时,REF 引脚接一个 4.7 μF 的钽电容即可;如果要提高测量精度,也可以使用外部基准源,可以通过 REF 引脚输入。

(3) AIN 引脚是模拟信号输入,范围是 0~V_{REF}。

(4) CS 引脚是片选信号,低电平有效;SCLK 引脚是串行时钟输入;DOUT 引脚是串行数据输出,这三个引脚用于和 MCU 接口,MCU 通过 CS 引脚启动 A/D 转换,然后通过 SCLK

和 DOUT 引脚读取转换数据。

（5）本电路实现的功能是测量外部 4～20 mA 输出的电流传感器的电流。电流通过精密电阻 R_s 采样完成电流电压转换，通过 RC 低通滤波送入 ADC，两个二极管 4007 的作用是输入电压钳位保护，MAX187 的三个引脚 CS、SCLK、DOUT 通过三个光电隔离器 6N137 与 MCU 的 I/O 口线相连，实现系统数字部分和模拟部分的电气隔离，起到抑制交叉串扰的作用。电路数字部分和模拟部分的电源是两路隔离的电源。

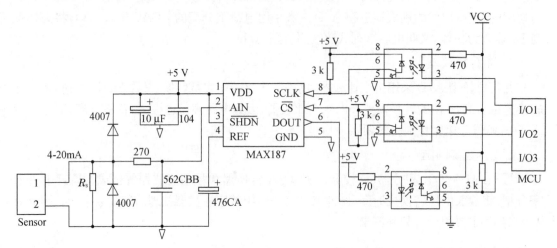

图 4.65　MAX187 测量 4～20 mA 电流电路图

4.8.3　ADS8317

1. ADS8317 简介

ADS8317 是 TI 公司设计的 16 位 ADC，是逐次逼近式 ADC，伪双极全差动输入，250 kSPS 串行输出，高线性度，微功耗采样（10 mW/5 V，250 kHz 或 2 mW/2.7 V，100 kHz 等），外部时钟，时钟范围为 24 kHz～6.0 MHz。采用逐次逼近（SAR）容性电荷再分配架构，自身包含采样/保持功能。提供了高速宽电压 SPI/SSI 串行接口，可用于多器件、菊花链配置。

ADS8317 电源电压 V_{DD} 的范围是 2.7 V～5.5 V；参考电压 V_{REF} 为外部输入，范围为 0.1 V～0.5 V_{DD}/2；完全差分的模拟输入，有两种输入方式，单端输入和差分输入，单端输入时信号的输入范围为 2×V_{REF}，全差分输入时，其信号的电压输入范围在 $-V_{REF}$～$+V_{REF}$。

ADS8317 由于特性出色，如低功耗工作、温度稳定性好（0.1 ppm/ ℃增益误差漂移与 0.2 ppm/ ℃失调误差漂移），以及支持 8 引脚 MSOP 或 3 毫米×3 毫米 8 引脚 SON 封装，为电池供电的便携式应用提供了方便的性能升级途径，其中包括工业数据采集以及便携式医疗仪表。

2. ADS8317 应用电路

ADS8317 应用电路如图 4.66 所示。电路的特点是：

（1）ADS8317 工作电压为 DV_{DD} 提供，2.7～5 V，电源退耦电容由 10 μF 的电解电容和 0.1 μF 的瓷片电容并联构成，5 Ω 的电阻、10 μF 的电容、0.1 μF 的电容用于消除来自电源 DV_{DD} 和 MCU 的干扰。

（2）参考电压由采用低噪声、低漂移的 REF3225 输出高精度 2.5 V 的基准电压，后接一个 RC 滤波，再接一个高精度运放 OPA350 构成的电压跟随器，目的是为基准电压进行缓冲隔离，以便获得足够的驱动能力。为确保参考电压的稳定性，需要在电压跟随器后面接上 47 μF 低 ESR 的钽电容，用于滤除基准电压的高频噪声，钽电容尽量靠近 REF 引脚。

（3）待测模拟信号通过 OPA365 构成的电压跟随器接入到 +IN 引脚和 -IN 引脚，因为 ADS8317 具有容性负载，为了获得良好的信噪比，电压跟随器与 A/D 转换器的输入引脚间接了一个 RC 滤波网络，+IN 引脚和 -IN 引脚间再并接一个 1 nF 的电容进行滤波，本电路采用单端输入方式。

（4）CS 引脚是片选信号，低电平有效，高电平时关断 ADC，DCLOCK 引脚是既作为串行时钟输入用于读取转换数据，又作为 ADS8317 的时钟信号，转换时间为 16 个时钟周期，数据采集时间为 4.5 个时钟周期；D_{OUT} 引脚是串行数据输出，这三个引脚用于和 MCU 接口，MCU 通过 CS 引脚启动 A/D 转换，然后通过 DCLOCK 和 D_{OUT} 引脚读取转换数据。

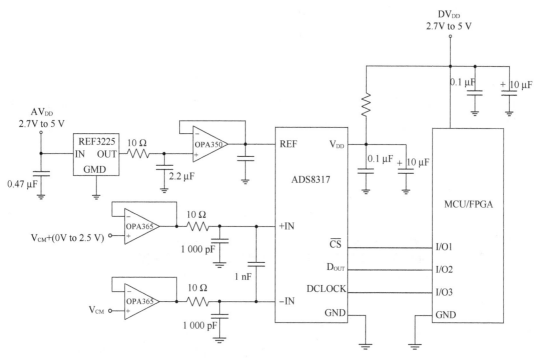

图 4.66　ADS8317 基本测量电路图

4.8.4　D/A 转换模块

D/A 转换器，也就是数字模拟转换器，它主要实现的是将数字量转换为模拟量。最简单的 D/A 转换器可以通过一个单刀双掷开关实现 1 位的 D/A 变换。当输出数字量等于 1 时控制开关与 V_{CC} 相连，模拟量输出高电平，当输出数字量等于 0 时控制开关与 GND，模拟量输出低电平。

DAC 的内部电路结构差异不大，一般按输出电流信号、输出电压信号、能否作乘法运行进行分类。大多数 DAC 由电阻阵列和模拟开关阵列组成，由输入数字量控制模拟开关切换，产生与输入数字量成正比的电压或电流。电压型 DAC 有权电阻网络、T 型电阻网络和树形开关网络等;电流型 DAC 有权电流型电阻网络和倒 T 型电阻网络等。

1. 电压输出型

电压输出型 D/A 也有从电阻阵列输出电压的,但大多采用内置输出放大器缓冲输出。直接输出电压的器件用于高阻抗负载,由于没有输出放大器部分的延迟,速度比较快。

2. 电流输出型

电流输出型 D/A 很少直接利用电流输出,一般外接电流电压转换电路得到电压输出。有两种方法:一是在输出引脚上接负载电阻进行电流电压转换,二是外接运算放大器。

3. 乘法型

乘法型 D/A 使用恒定基准电压,有一个 R-2R 电阻网络,通过输入数字量控制模拟开关以控制每个 2R 电路支路上的电流,产生与输入数字量成正比的电流,电流通过运算放大器产生与输入数字量成正比的电压。有些乘法型 D/A 中并未集成输出放大器,这就有可能实现某些非常规应用,并将 R-2R 电阻网络用作一个电阻。

4. PWM 型

PWM 型 DAC 与前面的转换方式不同,它把输出数字量转换为 PWM(Pulse Width Modulation)信号,然后对 PWM 信号进行合适的滤波,得到可变的直流电压,直流电压与输出的数字量成正比,从而实现了 D/A 转换,在低成本设计中应用非常广泛。

4.8.5 TLC5615

1. TLC5615 简介

TLC5615 是 TI 公司推出的串行 10 位电压输出型 D/A 转换芯片,只需要通过三根串行总线就可以完成 10 位数字量的串行输入,易于和 MCU 或 FPGA 接口连接,适用于用电池供电的测试仪表、移动电话,也适用于数字失调与增益调整以及工业控制场合。

TLC5615 的内部结构如图 4.67 所示。

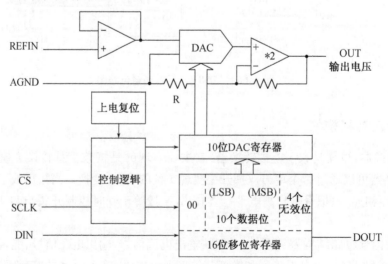

图 4.67 TLC5615 内部结构图

TLC5615 的主要特点如下：

(1) 单电源工作 V_{DD}，工作电压范围 4.5～5.5 V；

(2) 具有 3 线串行接口，串行数据输入端 DIN，串行时钟输入端 SCLK，芯片选用通端 CS，低电平有效；

(3) 内部有一个 16 位移位寄存器，接受串行移入的二进制数，并且有一个级联的数据输出端 DOUT；

(4) 基准电压输入端为高阻抗输入，大约 10 MΩ，基准电压范围 $2V$～$(V_{DD} - 2)$；

(5) DAC 输出的最大电压为 2 倍基准输入电压；

(6) 上电自动复位；

(7) 转换速率快，更新频率为 1.21 MHz；

(8) 微功耗，最大功耗为 1.75 mW。

2. TLC5615 应用电路

TLC5615 应用电路如图 4.68 所示。它的主要特点是：

(1) 利用 TLC5615 构成一个 D/A 转换电路，可以用于低频信号发生器或闭环控制系统的模拟量输出单元。

(2) 参考电压由采用低噪声、低漂移的 REF3020 输出高精度 2.048V 的基准电压，可以提高输出模拟电压的精度。

(3) MCU 通过三线控制 TLC5615 的工作流程：首先让片选信号 CS 有效，TLC5615 进行待工作状态，10 位数字量前面补充 4 个任意高位，后面补充 2 个低位 0，形成 16 位数据，之后在 16 个时钟上升沿的作用下，16 位数据以高位在前的顺序移入 TCL5615 的片内移位寄存器，最后拉高片选信号 CS，TCL5615 进行 D/A 转换，模拟输出端输出对应大小的模拟电压。

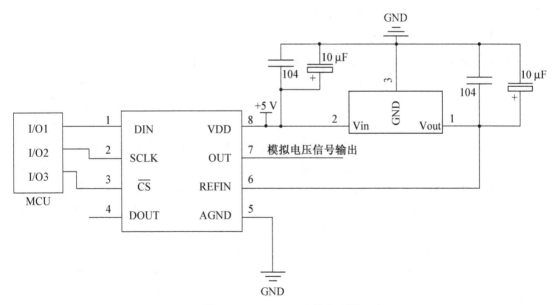

图 4.68　TLC5615 应用电路图

4.9 信号调理及驱动模块

MCU 测控系统中,要有被测信号输入通道,也就是前向通道,由 MCU 拾取必要的输入信息。信号调理电路位于前向通道中,作用是将被测对象输出的信号变换成 MCU 输入要求的信号。信号调理电路的设置与传感器的选择、现场干扰程度、测量通道数量及 MCU 输入信号有关。信号调理电路主要功能有信号放大、信号滤波、阻抗匹配、电平变换、非线性补偿等。

在工业控制系统中,MCU 总要对控制对象实现控制操作,所以要有后向通道,后向通道是 MCU 实现控制运算后,对控制对象的输出通道接口。驱动模块位于后向通道中,作用是将 MCU 输出的信号进行功率放大,以满足伺服驱动的功率要求。

4.9.1 信号放大电路

对微弱信号进行放大调节,可以选用测量放大器、可编程增益放大器、带有放大器的小信号双线发送器,本节介绍测量放大器。

1. 测量放大器

对于一个单纯的微弱信号,可以用运算放大器进行信号放大。然而,在测控系统中,传感器的工作环境往往比较恶劣,在传感器的输出端会有较大的干扰信号,一般为共模干扰。为了消除共模干扰,通常用测量放大器,也叫仪表放大器,对传感器输出的微小信号进行放大。测量放大器具有高输入阻抗、低失调电压及温度漂移和稳定的放大倍数、低输入阻抗,在小信号放大中得到广泛应用,如热电偶、应变电桥、生物测量等。

经典的测量放大器是用三个运算放大器构成,但各模拟器件公司都推出了高性能低成本的单芯片测量放大器,测量放大器的倍数由外接精密电阻确定。

2. AD620 应用电路

AD620 是 ADI 公司的一款低成本、高精度仪表放大器,仅需要一个外部电阻来设置增益,增益范围为 1 至 10 000。AD620 具有高精度、低失调电压、低失调漂移、低输入偏置电流、低噪声、低功耗等特性,广泛应用于电子秤、血压监测仪和其他精密数据采集系统。

AD620 压力信号调理电路图如 4.69 所示。电路的特点是:

(1) 压力传感器是由 4 个 3 kΩ 的电阻组成的桥,电阻电桥可以用电流源激励,也可以用电压源激励,本电路是电压源激励。随着压力的变化,组成电桥臂的应变片的电阻会发生变化,从而破坏电桥的平衡,输出电压信号,本电路中输出的共模电压为 2.5 V,差模电压满量程约为 10 mV 级。电桥作为信号源,内阻比较大,又存在 2.5 V 的共模电压,所以要通过测量放大器对信号进行放大,电桥输出信号通过 AD620 进行放大。

(2) AD620 用单电源供电,+5 V;AD620 的放大倍数由 $R_g = 499$ Ω 确定,$Gain = 1 + 49.4$ kΩ$/R_g = 100$,R_g 要用精密电阻;AD620 的 5 脚是 REF,通过在其上加一个电压用来调整测量放大器的输出直流偏置。

(3) +5 V 电源通过电阻分压网络形成 3 V 的电压送给 ADC 的参考电压,2 V 电压通过 AD705 构成的电压跟随器输出级 AD620 的 REF 脚和 ADC 的模拟地,这样 ADC 的参考电压、ADC 的模拟地、AD620 的输出偏置都来自+5 V 电源,可以消除+5 V 电源电压波动带来的干扰。AD705 作为电压跟随器的作用是提高来自电阻分压网络的 2 V 电压的带载能力。为了提高测量精度,可以用一个高精度的基准电压源调出 3 V 和 2 V,3 V 接 ADC 的参考电压,2 V 通过电压跟随器接 ADC 的模拟地和 AD620 的 REF 脚。

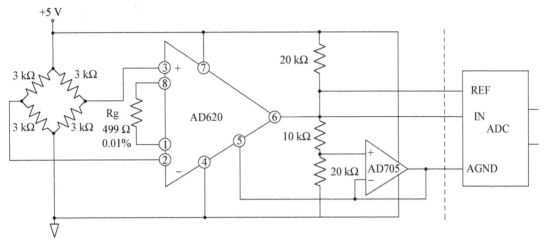

图 4.69　AD620 压力信号调理电路图

4.9.2　有源滤波电路

滤波电路的作用实质上是"选频",允许某一部分频率的信号顺利通过,而使另一部分的频率的信号被急剧衰减。在无线电通信,自动测量及控制系统中,常常利用滤波电路进行模拟信号的处理,如用于数据传送,抑制干扰等。根据滤波电路工作信号的频率范围,滤波器可以分为低通滤波器、高通滤波器、带通滤波器、带阻滤波器。滤波电路的种类很多,本节主要介绍集成运算放大器和 RC 网络组成的有源滤波电路。

1. 低通滤波器

（1）运放构成的有源低通滤波器

由运放构成的有源低通滤波器电路如图 4.70 所示。本电路是压控电压源二阶低通滤波器,运算放大器为同相接法,滤波器的输入阻抗高,输出阻抗低,滤波器相当于一个电压源,电路性能稳定,增益容易调节。本电路中选用 $R_1 = R_2 = R$, $C_1 = C_2 = C$, 截止频率为 f_c, 如式（4-5）所示,截止频率约为 160 Hz。构成滤波器的运算放大器采用 ICL7650,ICL7650 是 Intersil 公司利用动态校零技术和 CMOS 工艺制作的斩波稳零式高精度运放,它具有输入偏置电流小、失调小、增益高、共模抑制能力强、响应快、漂移低、性能稳定等特点。

$$f_c = \frac{1}{2\pi RC} \tag{4-5}$$

（2）基于 LTC1563-2 的有源低通滤波器

基于 LTC1563-2 的有源低通滤波器电路如图 4.71 所示。LTC1563-2 是 ADI 公司的一种有源 RC 低通滤波器,截止频率 f_c 通过一个电阻值来设定,如式（4-6）所示,截止频率的范围是 256 Hz～256 kHz,可以选择是否有增益。本电路的截止频率设定电阻为 120 kΩ,截止频率约为 22 kHz。

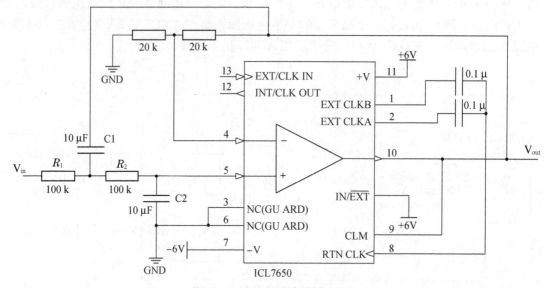

图 4.70 有源低通滤波器电路图

$$f_c = \frac{10\text{ k}}{R} \times 256\text{ kHZ} \tag{4-6}$$

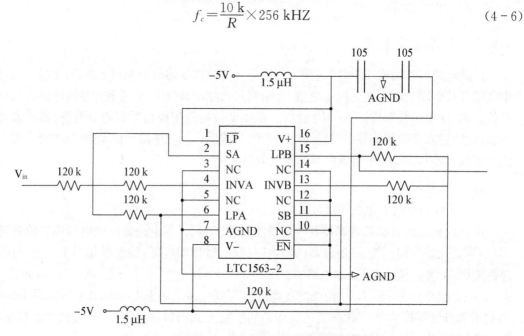

图 4.71 基于 LTC1563-2 的有源低通滤波器电路图

2. 高通滤波电路

由运放构成的有源高通滤波器电路如图 4.72 所示。本电路是压控电压源二阶高通滤波器，选用 $R_1 = R_2 = R$，$C_1 = C_2 = C$，截止频率为 f_c，如式（4-5）所示，截止频率约为 3 122 Hz。构成滤波器的运算放大器采用 NE5532，NE5532 是高性能低噪声双运算放大器集成电路，具有较好的噪声性能、优良的输出驱动能力、相当高的小信号带宽、电源电压范围大等特点。

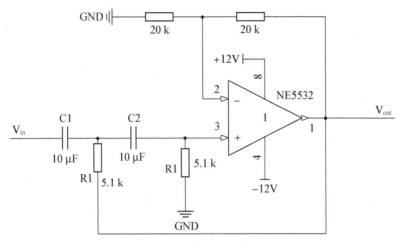

图 4.72   有源高通滤波器电路图

4.9.3   驱动电路

1. 声音报警电路

（1）基于 555 定时器的声音报警电路

由 555 定时器构成的声音报警电路如图 4.73 所示。以 LM555 为核心构成多谐振荡器，产生音频信号，振荡频率如式（4 - 7）所示，本电路振荡频率约为 2 370 Hz；音频信号通过 LM555 的 3 脚输出，通过 NPN 三极管驱动扬声器，也可以将 LM555 的 3 脚输出的音频信号经过隔直电容直接输入驱动扬声器。MCU 控制 I/O1 口线输出低电平，使 PNP 三极管导通，LM555 的 3 脚输入为高电平，振荡电路工作，输出音频信号。MCU 控制 I/O1 口线输出高电

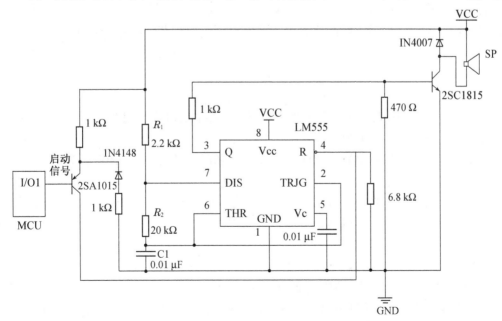

图 4.73   基于 555 定时器的声音报警电路图

平,振荡电路停止工作。

$$f \approx \frac{1.43}{(R_1 + 2R_2)C} \tag{4-7}$$

（2）基于 LM386 的声音报警电路

由 LM386 构成的声音报警电路如图 4.74 所示。LM386 是为低功耗应用所设计的集成功率放大器,内建增益为 20,通过在 PIN1 和 PIN8 间外接阻容,可调增益范围为 20～200；MCU 通过编程在 I/O1 口线输出一个音频信号,通过电阻分压后进入 LM386,通过 LM386 进行功率放大后,通过隔直电容驱动扬声器。

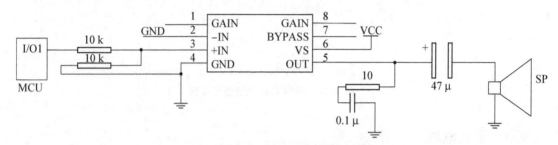

图 4.74　基于 LM386 定时器的声音报警电路图

2. 直流电机驱动电路

直流电动机的转速控制方法可分为两大类,对励磁磁通进行控制的励磁控制法和对电枢电压进行控制的电枢控制法。励磁控制法在低速时受磁极饱和的限制,在高速时受换向火花和换向器结构强度的限制,动态响应较差,大多数应用场合都使用电枢电压控制法,即采用 PWM 来实现直流电动机的调速方法。

（1）直流电动机 PWM 调速控制原理

直流电动机 PWM 调速控制原理图和输入输出电压波形如图 4.75 所示。当开关管的驱动信号为高电平时,开关管导通,直流电动机电枢绕组两端有电压 U_s；驱动信号为低电平时,开关管截止,电动机电枢两端电压为 0。根据输入电压 U_i 的波形图,可以得到直流电动机电枢绕组两端 U_o 的波形图,U_o 的平均值如式（4-8）所示。

$$U_o = (t_1 \times U_s + 0)/(t_1 + t_2) = (t_1 \times U_s)/T = DU_s \tag{4-8}$$

式中 D 为占空比,表示在一个周期 T 里开关管导通的时间与周期的比值,$0 \leqslant D \leqslant 1$,当电源电压 U_s 不变的情况下,电枢两端电压的平均值 U_o 取决于占空比 D 的大小,改变 D 值也就改变了电枢两端电压的平均值,从而达到控制电动机转速的目的,即 PWM 调速。

（2）基于分立元件的 H 桥直流电动机驱动电路

直流电动机驱动电路主要用来控制直流电动机的转动方向和转动速度。改变直流电动机两端的电压可以控制电动机的转动方向,通过 PWM 控制电动机转速,一般采用 H 桥实现直流电动机的驱动。由三极管 8050 和 8550 组成的 H 型 PWM 电路如图 4.76 所示。三极管 VT1～VT4 组成 H 的 4 条垂直腿,而直流电动机就是 H 中的横杠。其电路的特点是:

① PWM2 为高电平,PWM1 为低电平时,三极管 VT3 和 VT2 导通,VT1 和 VT4 截止,+12 V 经过 VT3、电动机左端、电动机右端、VT2 到地,驱动电动机正转,当 PWM1 为占空比不同的脉冲时,电动机正转调速运行。

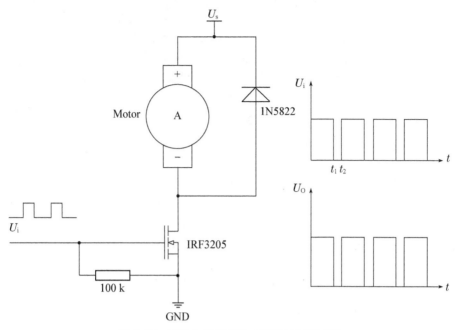

图 4.75　直流电动机 PWM 调速控制原理图

② PWM1 为高电平，PWM2 为低电平时，三极管 VT4 和 VT1 导通，VT2 和 VT3 截止，+12 V 经过 VT4、电动机右端、电动机左端、VT1 到地，驱动电动机反转，当 PWM2 为占空比不同的脉冲时，电动机反转调速运行。

③ PWM1 为高电平，PWM2 为高电平时，三极管 VT1～VT4 截止，电动机不工作。

④ 禁止 PWM1 和 PWM2 同时为低电平，这种工作状态会使 H 桥上两个同侧的三极管同时导通，会烧坏三极管。

⑤ 4 个二极管 1N4148 为续流二极管，起到保护晶体管的作用，通过光耦元件 TP521 把 MCU 控制电路和电动机驱动电路隔离，两部分用的是完全隔离的电源，降低电动机工作时对系统的干扰，提高系统的可靠性。

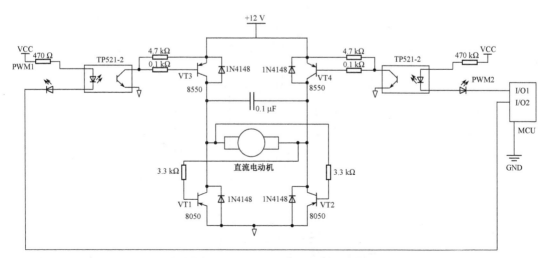

图 4.76　直流电动机 H 桥驱动电路图

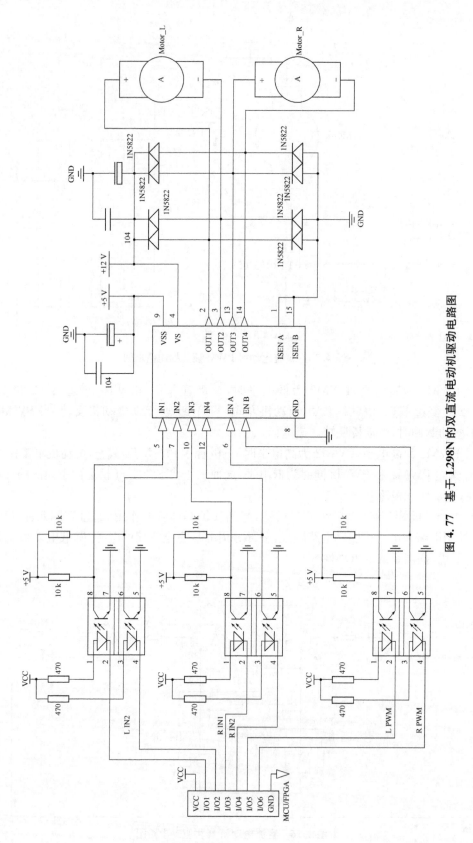

图 4.77 基于 L298N 的双直流电动机驱动电路图

（3）基于 L298N 的双直流电动机驱动电路

L298N 是一种双 H 桥电机驱动芯片,其中每个 H 桥可以提供 2 A 的电流,功率部分的供电电压可达 48 V,逻辑部分 5 V 供电,接受 5 V TTL 电平。L298N 可以驱动两个直流电动机,也可以驱动一个四相步进电机。

基于 L298N 的双直流电动机驱动电路如图 4.77 所示。其电路的特点是:

① L298N 的 VS 脚为电动机电源,接 12 V,最大可接 48 V,L298N 的 VSS 脚为逻辑电源,接 5 V,范围是 4.5 V～7 V。

② L298N 的 IN1、IN2、ENA 脚是第一个 H 桥的控制引脚,第一个 H 桥通过引脚 OUT1、OUT2 接电动机 Motor_L;IN3、IN4、ENB 脚是第二个 H 桥的控制引脚,第二个 H 桥通过引脚 OUT3、OUT4 接电动机 Motor_R。

③ ENA=0 时,Motor_L 停止;ENA=1、IN1=1、IN2=0 时,Motor_L 正转,当 ENA 为占空比不同的脉冲、IN1=1、IN2=0 时,Motor_L 正转调速运行;ENA=1、IN1=0、IN2=1 时,Motor_L 反转,当 ENA 为占空比不同的脉冲、IN1=0、IN2=1 时,Motor_L 反转调速运行;ENA=1、IN1=1、IN2=1 时,Motor_L 刹停;ENA=1、IN1=0、IN2=0 时,Motor_L 停止;Motor_R 的控制方式与 Motor_L 类似。

④ 8 个二极管 1N5822 为续流二极管,起到保护 L298N 的作用。

⑤ 通过光耦 TP521 把 MCU 控制电路和电动机驱动电路隔离,两部分用的是完全隔离的电源,降低电动机工作时对系统的干扰,提高系统的可靠性。

3. 步进电机驱动电路

步进电动机的转子为多极分布,定子上嵌有多相星形连接的控制绕组,由专门电源输入电脉冲信号,每输入一个脉冲信号,步进电动机的转子就旋转一步。步进电动机的种类很多,按结构可分为反应式、永磁式和混合式三种;按相数分则可分为单相、两相和多相三种。

（1）步进电机工作原理

以三相步进电机(绕组为 A、B、C)为例,对三相步进电机的单三拍通电方式、双三拍通电方式和单双六拍工作方式的原理进行介绍。

单三拍工作方式中,步进电动机正转通电的顺序为:A→B→C→A;反转通电的顺序为:C→B→A→C,各相通电的波形如图 4.78 所示。

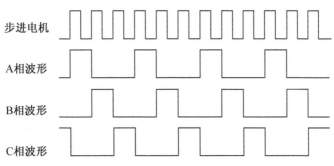

图 4.78　单三拍工作方式时的相电压波形图

双三拍工作方式中,步进电动机正转的通电的顺序为:AB→BC→CA→AB;反转通电的顺序为:BA→AC→CB→BA,各相通电的波形如图 4.79 所示。

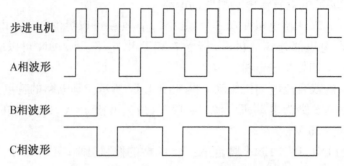

图 4.79 双三拍工作方式时的相电压波形图

单双六拍工作方式是采用单三拍与双三拍交替使用的一种方法,步进电动机正转的通电的顺序为:A→AB→B→BC→C→CA→A;反转通电的顺序为:A→AC→C→CB→B→BA→A,各相通电的波形不再赘述。

（2）步进电机驱动电路

步进电机的驱动方式有很多种,主要有单电压驱动、双电压驱动、斩波驱动、细分驱动、集成电路驱动等,本节只介绍单电压驱动。

基于 ULN2003 的五线四相步进电机驱动电路如图 4.80 所示。其电路有如下特点:

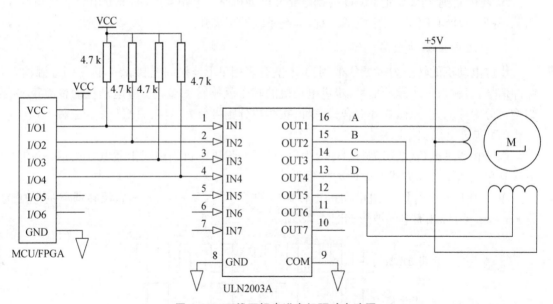

图 4.80 五线四相步进电机驱动电路图

① ULN2003A 是一种七路高耐压、大电流达林顿晶体管驱动集成电路,每路输出电流可达 500 mA,输出电压可达 50 V,内部有续流二极管,可用于驱动电感性负载,在继电器驱动、显示驱动、电磁阀驱动、伺服电机以及步进电机驱动电路当中都会用到。

② 28BYJ-48-5 V 是一种五线四相步进电机,可以采用单四拍、双四拍、单双八拍通电时序。

③ MCU 通过 ULN2003A 驱动步进电机,ULN2003A 的输出和输入反相,所以对于 MCU 的 I/O 口线来说,输出是高电平有效,MCU 通过 I/O 口线输出高电平去驱动对应的某一相绕组。

④ 以单四拍正转为例,MCU 的控制流程如下:

MCU 控制 I/O1~I/O4 输出 1000,A 相通电;延时;

I/O1~I/O4 输出 0100,B 相通电;延时;

I/O1~I/O4 输出 0010,C 相通电;延时;

I/O1~I/O4 输出 0001,D 相通电;延时;

I/O1~I/O4 输出 1000,A 相通电;延时;

……;

改变通电后延时的时间可以调整电机转速,延时时间越短,转速越大。

4. 交流负载开关电路

在实际的嵌入式系统中,MCU 的 I/O 口线是不能直接通断交流(或大电流)用电设备的,通常要借助于继电器、固态继电器、可控硅、绝缘栅双极型晶体管(IGBT)等器件来实现。

(1) 继电器驱动电路

基于继电器的 220 V 交流电磁阀的驱动电路如图 4.81 所示。MCU 的 I/O1 口线通过三极管 Q1 驱动光隔 TLP521,通过 TLP521 驱动三极管 Q2,通过 Q2 驱动继电器,通过继电器的常开触点控制 220 V 交流电磁阀。MCU 的 I/O1 为低,Q1 截止,TLP521 导通,Q2 导通,继电器得电,常开触点闭合,电磁阀得电;MCU 的 I/O1 为高,电磁阀断电。机械继电器的开关响应时间较大,在使用机械继电器时,MCU 控制程序中必须考虑开关响应时间的影响。

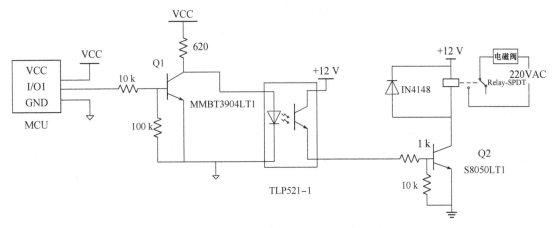

图 4.81　基于继电器的 220VAC 电磁阀的驱动电路图

(2) 可控硅驱动电路

基于双向可控硅的 220 V 交流负载的驱动电路如图 4.82 所示。该电路的特点是:

① MOC3061 是光电双向可控硅驱动器,用来驱动工作电压为 220 V 的交流双向可控硅。可用于电磁阀及电磁铁控制、电机驱动、温度控制、固态继电器、交流电源开关等场合。

② MCU 的 I/O1 口线通过三极管 8550 驱动 MOC3061 的发光二极管,MOC3061 的发光二极管的触发电流为 15 mA,通过 MOC3061 驱动功率双向可控硅 BCR6AM。

③ R_6 为双向可控硅的门极电阻,当可控硅灵敏度较高时,门极阻抗也很高,R_6 可以提高抗干扰能力;R_7 是触发功率双向可控硅的限流电阻,电阻值由交流电网电压峰值和触发器输出端允许重复冲击电流峰值决定。

④ 电阻 R 和电容 C 组成 RC 吸收电路,防止浪涌电压损坏双向可控硅,尤其在驱动感性负载时。

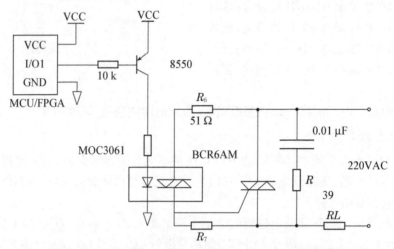

图 4.82　基于双向可控硅的 220VAC 负载的驱动电路图

（3）固态继电器驱动电路

固态继电器（Solid State Relay,SSR）是一种无触点通断型电子开关,将 MOSFET、IGBT、可控硅等组合在一起,与触发驱动电路封装在一个模块中,驱动电路与输出电路隔离,是一种四端有源器件,其中两个端子为控制输入端,另外两个端子为输出受控端。为实现输入与输出之间的电气隔离,器件采用高耐压的专用光耦合器,当输入信号有效时,主电路呈导通状态,无信号时,呈阻断状态,可以实现类似电磁继电器的开关功能。

SSR 可以分为直流控制直流输出 SSR、交流控制交流输入输出 SSR、直流控制交流输出 SSR,交流 SSR 又有单相和三相之分。

直流 SSR 应用电路如图 4.83 所示。

基于固态继电器的电机正反转驱动电路如图 4.84 所示。

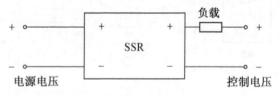

图 4.83　直流 SSR 应用电路示意图

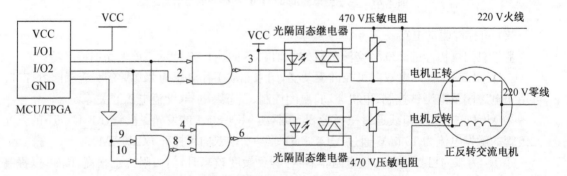

图 4.84　基于固态继电器的电机正反转驱动电路图

　　MCU 通过 NAND 门电路驱动固态继电器。I/O1：I/O2＝0X 时，两个 SSR 都不导通，电机停止；I/O1：I/O2＝11 时，上面 SSR 导通，下面 SSR 截止，电机正转；I/O1：I/O2＝10 时，上面 SSR 截止，下面 SSR 导通，电机反转。470 V 压敏电阻用于保护 SSR，也可以采用 RC 吸收电路。

第 5 章 典型电路实例设计

本章通过两个典型电子电路应用系统的设计实例,来展示电子电路应用系统的开发流程:系统需求分析、绘制原理框图、单元电路设计、绘制电路原理图、绘制 PCB 图、制作电路 PCB 板、焊接电路板、完成电路板的调试使功能和精度满足设计要求。

设计实例是综合的电子电路应用系统,分为模拟部分和数字部分,模拟部分涉及电源模块、信号调理放大模块、数码管显示驱动模块、A/D 转换模块、音频信号驱动模块等;数字部分涉及译码器、数据选择器、时钟发生器、分频器、计数器等。

5.1 数显温度控制器

5.1.1 设计任务

1. 设计要求

(1) 采用热电阻(Pt100)进行测温,经过信号调理、A/D 转换(精度 4 位半)后,以数码方式显于数码管上;

(2) 测温范围:0～199.99 度,对应温度电压为 0.000 0～1.999 9 V,分辨率为 0.01 度,精度为 0.5%;

(3) 可以在测量范围内设置上限温度、下限温度;

(4) 用一个按键,可以调整系统的输出,即系统的输出可以在上限温度值、下限温度值、实测温度值之间切换;

(5) 当实测温度超过设定的上限温度或者低于设定的下限温度时,发出报警,并留有控制信号接口。

2. 设计条件

(1) 外部提供直流电源,+12 V,输出电流 1 A;

(2) 温度传感器外接,不在电路板上,测温点近,可以采用两线制接线,用电阻箱模拟 Pt100 热电阻;

(3) 采用 CMOS 器件以降低功耗,元件采用直插封装以便焊接调试,用雕刻机制作电路板;

(4) A/D 转换器指定使用 ICL7135:双积分型,精度 4 位半,带数码管驱动电路的 A/D 转换器。

5.1.2 基本原理

根据温度控制器的功能,可以得出如图 5.1 所示的原理框图。

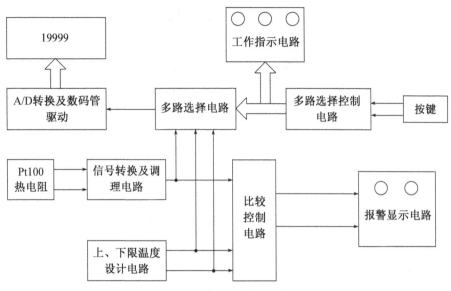

图 5.1　温度控制器原理框图

信号转换及信号调理电路通过外接温度传感器将温度信号转换为电压信号,并经调理放大后变为 A/D 转换器所要求的 0～2 V 电压信号。

比较控制器将温度电压信号与设定电压信号进行比较,当发生超限时输出报警及控制信号。

由于 A/D 转换器只能对一路电压进行转换,当设定上、下限时必须将 A/D 的输入端切换至相应的设定电压,设定完成后切换到被测量温度电压,多路选择电压完成上述功能,同时为了指示当前 A/D 转换器的电压是哪一路电压,多路选择还必须有信号输出到工况指示电路,以指示当前数码管显示的是什么信号。

A/D 转换器 ICL7135 是一双积分型内部带有数码管驱动电路的集成电路,它将输入的模拟电压信号转换成数字量,以动态扫描方式输出位选能信号和相应位对应的 BCD 码信号,通过驱动电路可以直接驱动 5 位数码管,显示数字量,这种处理方式使电路更为简化、可靠。下面分别介绍各单元电路的原理及可行的构成方式,依据这些原理选择合适的方式设计具体电路并将其组成一完整电路,要注意的是整体电路不是各单元电路的简单组合,应该考虑各单元电路间的影响。

5.1.3　单元电路介绍及实现

1. 信号转换及信号调理电路

温度信号转换为电压信号主要依赖于温度传感器,温度传感器有很多种,不同的传感器取样电路和信号调理电路的构成方式、参数选择各有区别。温度传感器的选择主要依据测温范围、精度要求、综合考虑成本及电路复杂程度决定。

本设计要求用 Pt100 热电阻进行测温,采样电路有桥式电路和恒流源激励两种,如图 5.2 所示。

桥式电路中,调节电阻 R_2 可使温度为 0 ℃时,a、b 两点输出电位差为零,当温度变化后由

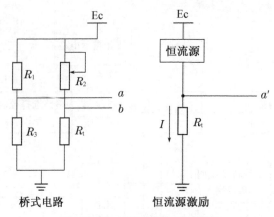

图 5.2　热电阻采样电路示意图

于热电阻 R_t 的阻值发生变化，a，b 两点出现电位差，电位差随温度变化而变化。

　　恒流源激励电路，0 ℃时 a 点输出一个电压，当温度变化后由于热电阻 R_t 的阻值发生变化，a 点电压随温度变化而变化。

　　无论是桥式还是恒流方式应注意流经 R_t 的电流越小越好，以免 R_t 自身发热，一般在 2～5 mA 即可。

　　由于本设计要求在 0 ℃时，温度电压为 0 V，为简化电路设计所以选择桥式电路。对于桥式电路，为提高测量精度，要求电源 E_c 必须稳定性好，纹波小，一般选用基准电压源的输出。

　　因为桥式电路的输出阻抗高，所以后面的调理电路的输入阻抗必须足够高，为了消除共模干扰，一般采用测量放大器，可以采用集成测量放大器，也可以采用三运放组成的测量放大器。

　　信号转换及信号调理电路如图 5.3 所示。

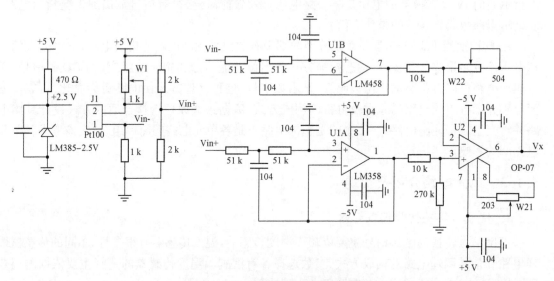

图 5.3　信号转换及信号调理电路图

　　在该电路中，Pt100 热电阻采用桥式采样电路，桥式采样电路采用电压基准源 LM385 - 2.5 V 激励，激励电流约 2.5 mA；

查 Pt100 热电阻分度表可知,在 0 ℃时,电阻值为 100 Ω,在 200 ℃时,电阻值为 175.84 Ω,此时,电桥输出的电压差约 100 mV,设计要求在 199.9 ℃时,输出电压为 1.999 9 V,所以要进行电压放大,放大倍数约 200 倍。

电桥输出的电压,是带有共模电压的小信号电压,共模电压约为 1.25 V,测量放大器是放大这类信号的最佳选择;电桥输出电压后接由三运放构成的测量放大器,LM358 构成二阶低通有源滤波器和电压跟随器,作用是滤除干扰和提高输入阻抗,LM358 是双运算放大器,内部包括有两个独立的、高增益、内部频率补偿的运算放大器,可以单电源供电,也可以双电源工作。OP07 构成差分放大电路,只对差模信号进行放大,抑制共模信号,OP07 是一种低噪声、非斩波稳零的双电源供电的运算放大器,具有非常低的输入失调电压和高开环增益。

W1、W21、W22 是 3296 多圈电位器,电位器 W1 的作用是电桥的调零,作用是温度在 0 ℃,Pt100 电阻值为 100 Ω 时,使电桥输出的电压差为 0 V;电位器 W21 的作用是运放 OP07 的调零,消除 OP07 的输入失调电压;电位器 W22 的作用是调节测量放大器的电压放大倍数,使得温度在 199.9 ℃时,温度电压值为 1.999 9 V。

为了降低电源的噪声,提高测量精度,在运放的正负电源端都接了滤波电容。

V_x 是信号调理之后的温度电压,范围是 0.000 0 V～1.999 9 V,对应温度为 0 ℃～199.9 ℃。

2. 比较控制电路

比较控制电路完成温度上、下限电压的设置,实测温度电压与上、下限温度电压的比较,以及报警输出。

比较控制电路如图 5.4 所示。

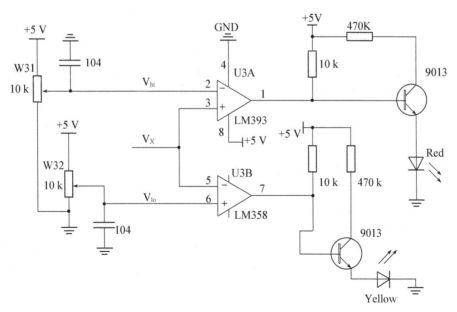

图 5.4　上下限比较及报警电路图

在该电路中,W31、W32 是 3296 多圈电位器,分别用于设定上、下限温度,两个 104 电容的作用是滤除干扰,V_{hi}、V_{lo} 分别是设定的上、下限温度。

比较控制电路用两个电压比较器构成一个窗口比较器，当实测温度电压高于上限设定值或低于下限设定值时，比较器输出上限或下限报警，通过三极管 9013 驱动相应的发光二极管实现报警指示。电压比较器采用 LM393 集成双电压比较器，可以单电源工作，一片内集成两个比较器电路。

3. 多路选择及工况指示电路

由于 A/D 转换器只能对一路模拟信号进行转换、显示，而温度控制器在设定上下限温度时需要显示设定温度，而正常测温时又要显示实测温度，所以必须采用某一电路对三个温度电压进行切换，在切换同时给出指示，表明当前显示的是实测温度还是设定温度。多路通道切换电路可以采用机械开关，也可以采用模拟开关。

多路选择及工况指示电路如图 5.5 所示。

多路通道切换电路采用模拟开关 CD4051，CD4051 是单端 8 通道多路开关，开关一侧为 8 个通道 $X_0 \sim X_7$，另一侧为公共端 X，控制端 A、B、C 上的编码决定哪个通道与公共端 X 接通，如 CBA＝100 时，通道 X_4 接到公共端 X；INH 为禁止端，INH 为高电平时，所有通道均断开，正常工作时，INH 接低电平。V_{CC}、VEE、GND 决定数字信号和模拟信号的输入范围。

本系统只用了 3 个通道 X_1、X_2、X_3，所以控制端 C 接 GND，根据 B、A 端的电平决定选择哪个通道接通到公共端 X，进而送给 A/D 转换器。

CD4013 是双 D 触发器，在系统中构成了一个异步 4 进制加 1 计数器，输出 Q1Q0 的变化为 00→01→10→11→00→…，Q1Q0 一方面接到 CD4051 的控制端 B、A 去选择哪一个通道接通，另一方面送给由四 2 输入与非门 CD4011 组成的工况指示电路；Q1Q0＝01 时，V_{lo} 接到 A/D 转换器，绿色 LED 亮，指示当前显示的是下限温度；Q1Q0＝10 时，V_{hi} 接到 A/D 转换器，红色 LED 亮，指示当前显示的是上限温度；Q1Q0＝11 时，V_x 接到 A/D 转换器，黄色 LED 亮，指示当前显示的是实测温度；Q1Q0＝00 这个状态不用，没有 LED 点亮。

电容 C 和电阻 R 组成了上电置位电路，上电时使 Q1Q0＝11。机械按键 SW－PB 及其外围电阻电容的作用是产生异步 4 进制计数器的计数脉冲，104 电容的作用是消除机械按键的抖动，每按一下按键，4 进制计数器进行加 1 计数。

4. A/D 转换及显示电路

A/D 转换器的种类很多，按转换方式可分为逐次逼近型、双积分型、$\Sigma - \Delta$ 型和并行比较型等。其中有些可以方便的构成独立仪表，有的与 MCU 连接便利。在选择 A/D 转换器时主要依据精度、转换速度、分辨率综合考虑抗干扰性能、价格及构成电路是否便利加以决定。

根据温度控制器的测温范围、分辨率、精度，可以选择 4 位半（BCD 码）A/D 转换器或 14 位（二进制）A/D 转换器，由于温度是缓变信号，所以可以选择双积分型，因为双积分型的特点是转换速度低但抗干扰性能好。又由于本设计是独立构成仪表，所以选择动态扫描 BCD 码输出的双积分型 4 位半 A/D 转换器 ICL7135，可以方便的驱动数码管或 LCD 以完成温度的显示。

A/D 转换及显示电路原理框图如图 5.6 所示。

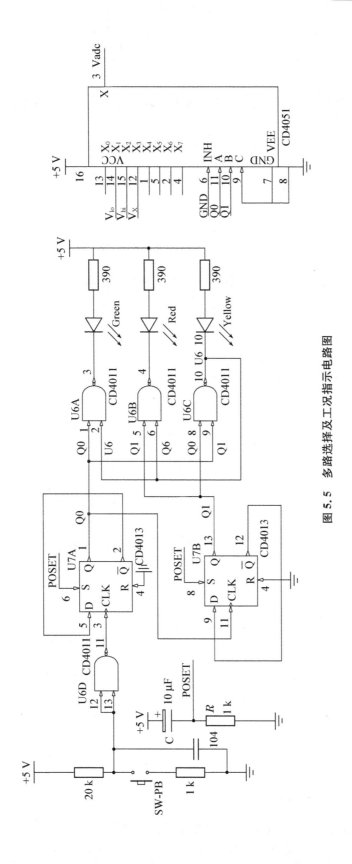

图 5.5 多路选择及工况指示电路图

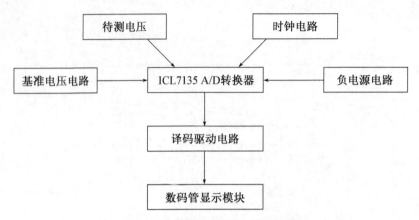

图 5.6　A/D 转换及显示电路原理框图

ICL7135A/D 转换原理图如图 5.7 所示。转换结果数码管显示原理图如图 5.8 所示。

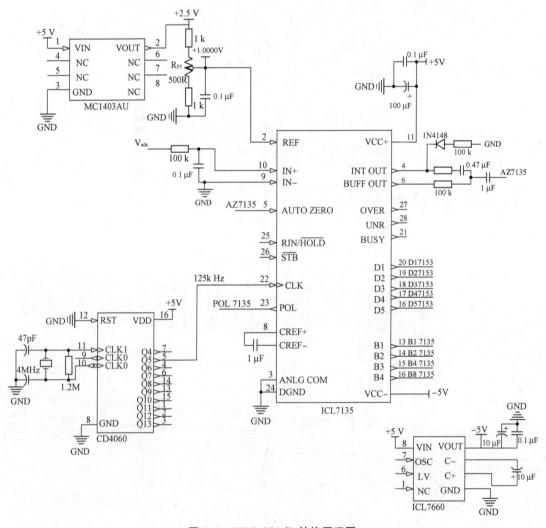

图 5.7　ICL7135A/D 转换原理图

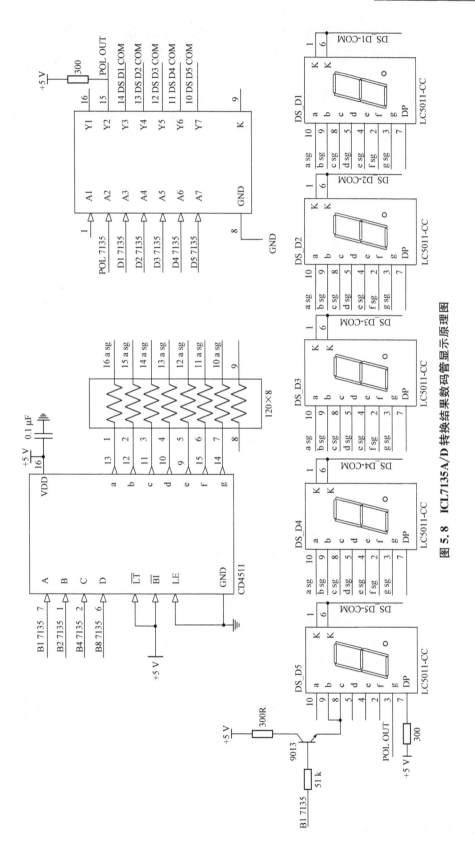

图5.8 ICL7135A/D转换结果数码管显示原理图

ICL7135 是美国 Intersil 公司生产的 4 位半双积分 A/D 转换芯片,可以转换输出 ±20 000 个数字量,有 STB 选通控制的 BCD 码输出,与 MCU 接口十分方便。ICL7135 具有精度高(相当于 14 位 A/D 转换)、价格低的优点,转换速度与时钟频率相关,每个转换周期由自校准(调零)、正向积分(被测模拟电压积分)、反向积分(基准电压积分)和过零检测四个阶段组成,其中自校准时间为 10001 个脉冲,正向积分时间为 10000 个脉冲,反向积分直至电压到零为止(最大不超过 20001 个脉冲)。

(1) 负电源电路

ICL7135 需要采用双电源供电,−5 V 电源生成电路采用 ICL7660,ICL7660 是电荷泵型稳压器,外围电路十分简单,只需接两只电容即可工作。

(2) 基准电压电路

ICL7135A/D 转换的精度与基准电压管脚 REF 的输入电压有关,典型值为 1V。首先采用参考电压器件 MC1403 实现 2.5 V 的基准电压,MC1403 芯片是美国摩托罗拉公司生产的一种参考电压器件,能够提供高精度、低漂移能隙基准电源,输出电压的温度系数为零。电位器 R_{P1} 和两个 1 k 的电阻组成可调分压电路,通过调节电位器 R_P 使 ICL7135 能够获得精准的 1 V 基准电压。

(3) 待测电压输入电路

V_{adc} 是从多路模拟开关 CD4051 的公共端 X 输入的待测电压,通过 RC 低通滤波电路接入 ICL7135 的模拟输入正管脚 IN+,ICL7135 的模拟输入负管脚 IN−。

由于 ICL7135 的基准电压为 1 V,所以可以测量的电压范围是 −1.999 9 V～1.999 9 V,输出数字量 = 10 000 × (V_{IN}/V_{REF})。

(4) 时钟电路

时钟电路主要是给 ICL7135 提供时钟信号,ICL7135 的时钟频率范围是 120 kHz～250 kHz,通过 14 位二进制串行计数器 CD4060 产生 ICL7135 的时钟信号。CD4060 通过外接 4 MHz 的晶振产生 4 MHz 的时钟信号,4 MHz 的时钟信号通过 CD4060 内部的二进制计数器进行分频,Q5 脚输出 32 分频后的信号 125 kHz,接到 ICL7135 的 CLK 输入端。当时钟频率等于 125 kHz 时,对 50 Hz 工频干扰有较大抑制能力,此时转换速度为 3 次/秒。

(5) ICL7135 模拟部分电路

ICL7135 模拟部分电路的设计采用芯片手册中的参考电路,元件参数基本都采用推荐值;管脚 CREF+ 和 CREF− 外接参考电容,典型值 1 μF;BUFF OUT 管脚是缓冲放大器输出端,外接积分电阻,典型值 100 kΩ;INT OUT 管脚是积分器输出端,外接积分电容,典型值 0.47 μF;AUTO ZERO 管脚的作用是自校零端。

其中比较关键的是积分电容的选择,积分电容直接影响 ICL7135A/D 转换的精度。积分电容必须具有低的电介质吸收特性,ICL7135 手册上建议积分电容最好使用特氟龙和聚丙烯电容,本电路选取了优质高耐压的 CBB 电容。将 ICL7135 的基准电压输入管脚 REF 接到模拟输入正管脚 IN+ 可以检测积分电容介质吸收,良好的积分电容读数将会是 9999。

(6) 数码管显示模块

ICL7135A/D 转换的结果要在 5 个七段共阴数码管显示,DS_D5～DS_D1,分别用于显示结果的万位、千位、百位、十位、个位。这 5 个七段共阴数码管接成动态扫描显示方式,DS_D5_COM～DS_D1_COM 是 5 个位选线,a_sg、b_sg、…、g_sg 是公用的段选线,由于万位显示数码管 DS_D5 要么不显示(数值为 0),要么显示 1,负数还要显示"一"号,还要显示小数点,所以 DS_D5 的段选线的接线与 DS_D4~DS_D1 不同。

(7) 译码驱动电路

ICL7135 转换结果输出为 BCD 码的信号,从 B8、B4、B2、B1 管脚输出,需要将 B8~B1 输出的 BCD 码转换为七段共阴数码管的显示码,输出到数码管的段选线。

显示码译码芯片选用 CD4511,CD4511 是用于驱动共阴极 LED(数码管)显示器的 BCD 码-七段码译码器。具有 BCD 转换、消隐和锁存控制、七段译码及驱动功能的 CMOS 芯片,可直接驱动共阴 LED 数码管。考虑到数码管的驱动电流值和 5 V 供电电压,电路中加上了 120 Ω 的限流电阻。

ICL7135 的位选通信号从 D5~D1 管脚输出,分别对应于万位、千位、百位、十位、个位,位选通信号是一个正脉冲信号,脉冲宽度为 200 个时钟周期。

七段共阴数码管接成动态扫描显示方式时,位选通信号是低电平有效,所以需要将 D5~D1 管脚输出的位选通信号取反,送给对应数码管的位选线。选用 MC1413 芯片实现位选通信号的反相,MC1413 是由七个 NPN 达林顿管组成的反相驱动器,工作电压高,工作电流大,灌电流可以达到 500 mA。

万位显示数码管 DS_D5 用于显示 ICL7135 转换结果的整数、负号、小数点;整数在数值上有 0 和 1 两种,为 1 时 ICL7135 的 B1 管脚输出为 1,为 0 时 ICL7135 的 B1 管脚输出为 0,所以用 ICL7135 的 B1 管脚通过三极管去同时驱动 DS_D5 的 b 管脚和 c 管脚;转换结果为正数时不显示符号,为负数时要在 DS_D5 上显示负号,转换结果为正数时,ICL7135 的 POL 管脚输出高电平,反之输出低电平,所以要把 ICL7135 输出的 POL 信号通过 MC1413 反相后去驱动 DS_D5 的 g 管脚;因为测量的电压范围是 -1.999 9 V~1.999 9 V,所以小数点要点亮,将 DS_D5 的 DP 管脚通过 300 Ω 的限流电阻接到 +5 V 上。

5. 电源电路

系统是由 12V 直流供电,电源电路如图 5.9 所示。

5.1.4　电路的安装及调试

整个温度控制器由两块电路板构成,A/D 转换及显示部分为一块,其他电路为另一块,分别设计 PCB 图,制作 PCB 板,参照电路图和料材表进行焊接,焊接完成后,可独立进行调试。

设计 PCB 图时应考虑元件的布局,添加相应的测试点,要求做到布局美观,便于调试。除电阻、电容、发光二极管、三极管之外,其他元件一律不得直接焊于电路板上,必须焊插座,元件安装于插座上。

焊接完成后不要马上插上元件,通电调试。应先用万用表测电源端的阻抗,以防止焊接错误导致的短路,确定无短路后不插元件通电,测量关键点的电压是否正确,确认后断电插上元件开始正式调试。

调试过程中应依据电路原理图,充分运用所掌握的数电、模电知识,参考芯片手册等相关资料对电路的各个模块的电源、输入、输出进行测试,将测试结果与设计的理论值进行比照,判断电路工作是否正常,元件参数选择是否合理。发现与理论分析不符时,不要过早下结论认为元件损坏,有可能是周边电路的影响,此时应断开周边电路再进行测试,也有可能是设计时考虑不周造成的。

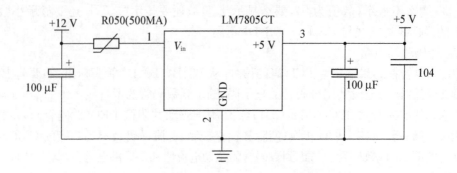

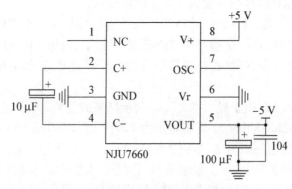

图 5.9 电源电路原理图

造成电路工作不正常的因素很多,在调试时应逐个排除。调试的顺序最好按信号流自输入向输出调试,这样前面调好的电路的输出信号可以作为后一级电路的输入信号。在检查焊点时不要轻易相信自己的眼睛,应该用万用表测量该焊点传递的电压信号是否到位,因为虚焊会导致看上去好的线路实际上无法传递信号。

总之电路的调试是最富于挑战性的一个环节,需要充分运用已掌握的知识,充分发挥主观能动性。

5.2 多功能数字钟

5.2.1 设计任务

1. 设计要求

(1)能够显示"时"、"分"、"秒"的时钟,时间以十进制方式显于数码管上,小时计数器为二十四进制进制;

(2)具有手动校时功能,可分别对"时"、"分"、"秒"进行单独校对;

(3)具有整点自动报时功能,在每个整点前输出 4 次低音和 1 次高音,即在 59 分 51 秒、59 分 53 秒、59 分 55 秒、59 分 57 秒输出 500 Hz 音频信号,在 59 分 59 秒输出 1 000 Hz 音频信号,音响持续 1 秒。

2. 设计条件

(1) 外部提供直流电源：+5 V，输出电流 1 A；

(2) 整点报时输出采用扬声器：8 Ω/0.5 W；

(3) 用中小规模集成电路和分立元件组成数字钟，元件采用直插封装以便焊接调试，用雕刻机制作电路板。

5.2.2　基本原理

根据数字钟的功能，可以得出图 5.10 所示的原理框图。

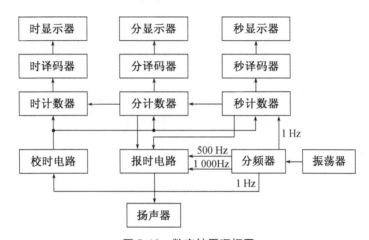

图 5.10　数字钟原理框图

其中，振荡器用于产生系统的标准时钟信号，分频器用于对标准时钟信号进行分频，产生 1 000 Hz、500 Hz 和 1 Hz 的信号，1 Hz 的信号是秒信号，主要用于秒的计数，1 000 Hz 和 500 Hz 的信号是用于整点报时的高低音信号。

秒信号送入秒计数器，秒计数器是六十进制计数器；秒计数器的进位脉冲送入分计数器，分计数器是六十进制计数器；分计数器的进位脉冲送入时计数器，时计数器是二十四进制计数器，当计时时间满 24 小时，又开始新一天的计时。

译码显示电路的功能是完成时、分、秒在数码管上的显示。

由于计时的起始时间不可能与标准时间一致，再加上系统的标准时钟信号的误差，故加入校时电路。

报时电路用于完成整点前 4 低 1 高的音频产生及扬声器驱动。

5.2.3　单元电路介绍及实现

1. 时钟信号产生电路

常用的两种时钟信号产生电路是：定时器 555 与 RC 组成的多谐振荡器、晶振和 CMOS 门组成的多谐振荡器，如图 5.11、5.12 所示。

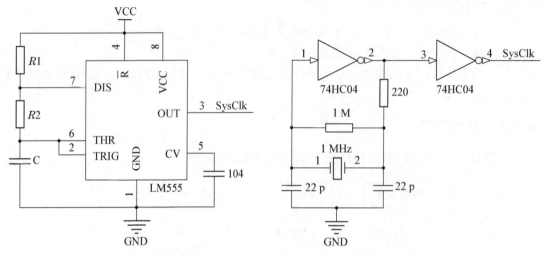

图 5.11 555 构成的多谐振荡器
图 5.12 晶振和 CMOS 门构成的多谐振荡器

时钟信号产生电路是数字钟的关键部件,它的频率精度和稳定性直接影响数字钟的性能。555 构成的多谐振荡器的频率由电阻和电容决定的,受温度影响大,稳定性和精度不高;晶振构成的多谐振荡器的频率是由晶振决定的,受温度影响小,稳定性和精度高,数字钟一般都使用石英晶体振荡电路。电子表和实时时钟芯片所用的晶振频率一般为 32 768 Hz,考虑到本设计需要产生 1 000 Hz、500 Hz、1 Hz 的信号,所以选用 1 MHz 的晶振。

2. 分频器电路

分频器的功能主要有两个:产生 1 Hz 的秒信号、提供整点报时用的 1 000 Hz 和 500 Hz 的音频信号。

分频器输入信号频率为 1 MHz,输出频率为 1 000 Hz、500 Hz、1 Hz,1 MHz 信号经过 3 级 10 分频电路可以得到 1 000 Hz 信号,1 000 Hz 信号经过 3 级 10 分频电路可以得到 1 Hz 信号,同时 1 000 Hz 信号通过二分频电路可以得到 500 Hz 信号。分析可知,电路的核心部件是模 10 计数器,模 2 计数器可以由模 10 计数器实现。可选择的模 10 计数器种类很多,如 74HC160、74LS90、74LS190、74LS290、74HC162、CD4518 等,本设计选择的是四位十进制同步计数器 74HC160,具有异步清零端、同步置数端、计数使能端,74HC160 最大输入时钟频率为 61MHz,满足分频器输入信号频率要求。

分频器电路如图 5.13 所示。

其中,74HC160 清零端无效、置数端无效、两个使能端有效,CLK 每来一个上升沿进行加 1 计数,计数规律是 $Q_D Q_C Q_B Q_A = 0000 \rightarrow 0001 \rightarrow 0010 \rightarrow \cdots \rightarrow 1000 \rightarrow 1001 \rightarrow 0000 \rightarrow \cdots$,当 $Q_D Q_C Q_B Q_A = 1\ 001$ 时,进位输出端 RCO=1,其余状态 RCO=0,所以从 RCO 输出的信号频率是时钟输入端 CLK 的信号频率的十分之一,经过 6 级十分频后,可以得到 1 Hz 的秒脉冲信号;从计数规律可以得知,从 Q_A 输出端输出的信号频率是时钟输入端 CLK 的信号频率的二分之一,从 1 000 Hz 十分频到 100 Hz 的那片 74HC160 的 Q_A 输出端可以得到 500 Hz 的信号。

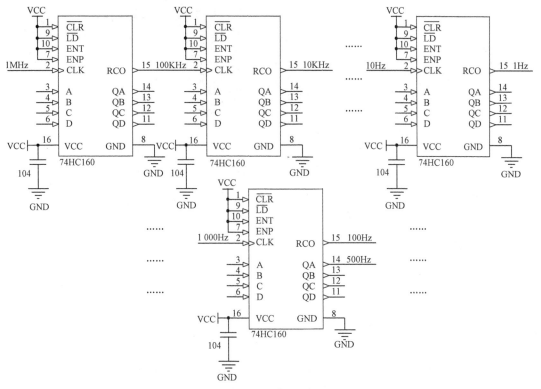

图 5.13 分频器电路图

3. 时分秒计数电路

有了秒脉冲信号就可以对计时模块进行设计了,计时模块由 3 个计数器组成:秒计数器、分计数器和小时计数器。秒计数器和分计数器都是六十进制计数器,BCD 方式,分为个位和十位,可以由一级十进制计数器和一级六进制计数器连接构成,本设计采用两片 74HC160 构成六十进制计数器。

秒计数器电路如图 5.14 所示。

U1(74HC160)为秒的个位,构成十进制计数器,U2(74HC160)为秒的十位,将计数输出信号通过二输入与非门(74HC00)译码接入同步置数端构成六进制计数器,按串行进位方式将两个计数器 U1 和 U2 连接起来,构成六十进制计数器。在串行进位方式中,以低位片的进位信号作为高位片的时钟输入信号,两片始终同时处于计数状态。由于 74HC160 的 CLK 为上升沿计数,当 $Q_D Q_C Q_B Q_A = 1\,001$ 时输出为 1,其它输出为 0,所以 U1 的 RCO 端要通过非门(74HC04)接到 U2 的 CLK 端。

秒计数器的计数输出信号分为个位和十位 BCD 码,个位是 secL8、secL4、secL2、secL1,十位是 secH8、secH4、secH2、secH1,将计数输出信号送入译码显示电路就可以完成秒的显示。

秒计数器的进位输出信号为 RCON,是将计数输出信号通过四输入与非门(74HC20)译码产生的,为负极性,也就是当计数值为 59 时输出为 0,其它输出为 1,这是为了方便与下一级分计数器级连。

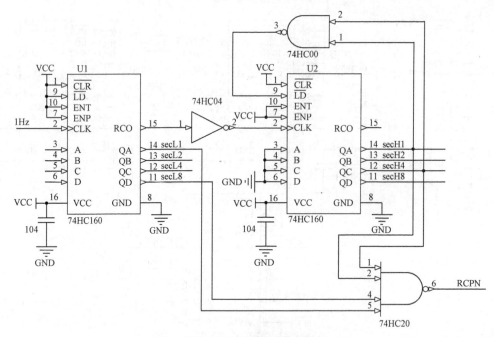

图 5.14　秒计数器电路图

小时计数器是二十四进制计数器,采用 BCD 码,分为个位和十位,本设计采用两片 74HC160 构成二十四进制计数器。小时计数器电路如图 5.15 所示。

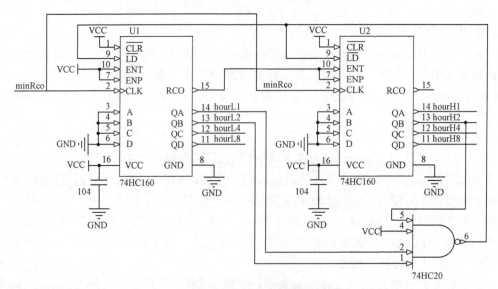

图 5.15　小时计数器电路图

U1(74HC160)为小时的个位,构成十进制计数器,U2(74HC160)为小时的十位,2 构成十进制计数器。按并行进位方式将两个计数器 U1 和 U2 连接起来,可构成一百进制计数器。在并行进位方式中,以低位片 U1 的进位输出信号作为高位片 U2 的工作使能信号,两片的计数脉冲 CLK 接在同一计数的输入脉冲信号 minRco 上,计数输入脉冲信号 minRco 为分计数器的进位输出信号。

将高位片 U2 的 Q_B 和低位片 U1 的 Q_BQ_A 连接到四输入与非门(74HC20)输入端,与非门的输出同时接到两片的同步置数端 LD,实现当计数到 23(0010 0011)时,再给进一个计数输入脉冲,两个计数器同步置入"0000B",计数值变为 00,从而构成二十四进制计数器。

小时计数器的计数输出信号分为个位和十位,采用 BCD 码,个位是 hourL8、hourL4、hourL2、hourL1,十位是 hourH8、hourH4、hourH2、hourH1,计数输出信号送入译码显示电路就可以完成小时的显示。

4. 译码显示电路

译码显示电路的作用是将时分秒计数电路输出的 8421BCD 码变转为数码管显示需要的逻辑状态,并为数码管正常工作提供足够的工作电流。数码管的显示方式有静态显示和动态显示两种,为简化电路设计,本设计采用静态显示。常用的 7 段译码显示驱动器有 74LS47 和 74LS48,74LS47 用于驱动共阳极数码管,74LS48 用于驱动共阴极数码管。

秒译码显示电路如图 5.16 所示。

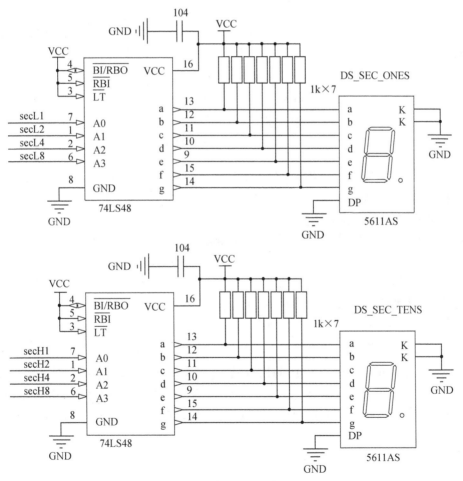

图 5.16　秒译码显示电路图

秒信号的个位和十位分别显示,数码管 DS_SEC_ONES 用于显示秒的个位,数码管 DS_

SEC_TENS 用于显示秒的十位。secL8、secL4、secL2、secL1 是秒信号的个位,secH8、secH4、secH2、secH1 是秒信号的十位,8421BCD 码。74LS48 是 7 段显示译码驱动器,用于驱动共阴极数码管 5611AS。74LS48 配有灯测试端 LT、动态灭灯输入端 RBI、灭灯输入/动态灭灯输出端 BI/RBO。由于 74LS48 输出电流 I_{OH} 为毫安级,无法点亮数码管中的 LED,所以加入 7 个 1 kΩ 的上拉电阻,提高输出电流。

5. 校时电路

校时电路实现对"时"、"分"、"秒"的校准,在电路中设有正常计时和校时位置,校"分"电路的基本原理是将秒信号直接接入分计数器,让分计数器快速计数,校"分"结束后,切断秒信号。校"时"电路和校"秒"电路也按此方法进行。校"分"电路如图 5.17 所示。

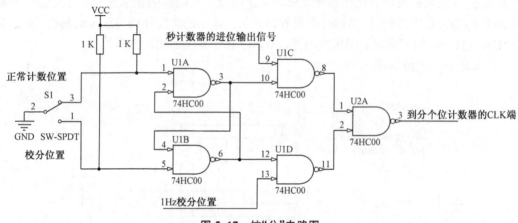

图 5.17　校"分"电路图

用一个单刀双掷开关 S1 切换计数功能和校"分"功能,与非门 U1A 和 U1B 组成了 RS 触发器,用于消除单刀双掷开关 S1 动作的抖动。

S1 正常处于正常计数位置,也就是 S1 的 2 脚和 3 脚接通,此时 U1A 输出"1",U1B 输出"0",封锁了 1 Hz 校分信号,秒计数器的进位输出信号通过 U2A 的 3 脚输出到分计数器的 CLK 端,进行正常的计数。

当 S1 切换到校分位置时,也就是 S1 的 2 脚和 1 脚接通,此时 U1A 输出"0",U1B 输出"1",封锁了秒计数器的进位输出信号,1 Hz 校分信号通过 U2A 的 3 脚输出到分计数器的 CLK 端,进行校"分"操作。

6. 整点报时电路

整点报时电路要求在整点前 10 秒时开始,每隔 1 秒响一次,每次持续时间为 1 秒,共响 5 次,即 59 分 51 秒、59 分 53 秒、59 分 55 秒、59 分 57 秒、59 分 59 秒各响一次,前 4 次为低音(500 Hz),最后一响为高音(1 000 Hz)。整点报时电路的译码部分只与"分"和"秒"计数器的计数输出有关。

整点报时电路如图 5.18 所示。

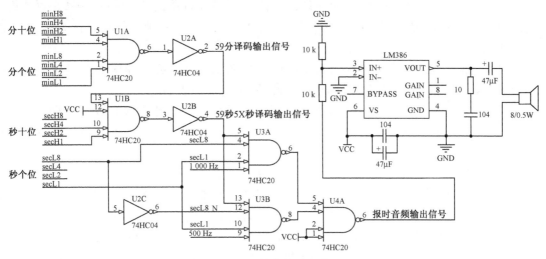

图 5.18　整点报时电路图

minH8、minH4、minH2、minH1 是分计数器输出信号的十位，minL8、minL4、minL2、minL1 是分计数器输出信号的个位，secH8、secH4、secH2、secH1 是秒计数器输出信号的十位，secL8、secL4、secL2、secL1 是秒计数器输出信号的个位，均为 8421BCD 码。500 Hz 和 1 000 Hz 是来自分频器电路输出的音频信号。

minH4、minH1 和 minL8、minL1 接入四输入与非门 U1A，产生 59 分(0101 1001B)译码信号，通过非门 U2A 变成高电平有效的译码输出信号。

59 分译码输出信号和 secH4、secH1 接入四输入与非门 U1B，产生 59 分 5X 秒(0101 XXXXB)译码信号，通过非门 U2B 变成高电平有效的译码输出信号。

设高电平有效的 59 分 5X 秒译码信号为 Y1，报时音频输出信号为 Y2，因为在 51、53、55、57 秒时，secL8＝0，secL1＝1，输出 500Hz 信号；在 59 秒时，secL8＝1，secL1＝1，输出 1000Hz 信号，由此可以写出报时音频输出信号 Y2 的逻辑表达式：

$$Y2 = Y1 \cdot secL8 \cdot secL1 \cdot 500Hz + Y1 \cdot \overline{secL8} \cdot secL1 \cdot 1\ 000\ Hz \qquad (5-1)$$

通过四输入与非门 U3A、U3B、U4A，可以得到报时音频输出信号 Y2，从 U4A 的 6 脚输出。

由于与非门 74HC20 的驱动能力不够，在驱动扬声器(8 Ω/0.5 W)时，需要加入功率放大器，本设计加入的是 LM386。LM386 是一种音频集成功率放大器，可以单电源 4～12 V 工作，输入端以地为参考，输出端被自动偏置到电源电压的一半，在 6 V 电源电压下，静态功耗仅为 24 mW。电压增益内置为 20，在 1 脚和 8 脚之间增加一只电阻和一只电容，可将电压增益调为 20 到 200 之间的任意值。

5.2.4　电路的安装及调试

整个数字钟由一块电路板构成，设计 PCB 图，制作 PCB 板，参照电路图和料材表进行焊接，焊接完成后，可进行调试。

设计 PCB 图时应按模块进行设计，完成同一功能的电路，应尽量靠近放置，并调整各元件以保证连线最为简洁；调整各功能块间的相对位置使功能块间的连线最简洁；各功能块要加入相应的信号注入点和测试引出点,便于调试;晶振要尽量靠近用到该时钟的器件;在每个集成电路的电源输入脚和地之间,需加一个去耦电容(一般采用高频性能好的独石电容,大小用104即可)。

适当调整元件的摆放,使之整齐美观,同样的元件要摆放整齐、方向一致。整个电路板用到的集成电路必须方向一致和焊接插座,集成电路安装于插座上。

焊接完成后不要马上插上元件,通电调试。应先用万用表测电源端的阻抗,以防止焊接错误导致的短路,确定无短路后不插元件通电,测量关键点的电压是否正确,确认后断电插上元件开始正式调试。

调试步骤为:用示波器检测时钟产生电路的输出信号波形和频率,频率应为 1 MHz;将频率为 1 MHz 的信号送入分频器,用示波器检查各级分频器的输出频率是否符合设计要求;给译码显示电路送入相应的 BCD 码电平信号,检查译码显示电路的工作情况;将 1 Hz 的信号分别送入"时"、"分""秒"计数器,检查各计数器的工作情况;当前面部分调试正常后,观察数字钟是否准确正常地工作;检查校时电路的功能是否正常;检查整点报时电路的功能是否正常。

参考文献

[1] 李桂安,丁则信.电工电子实践初步[M].南京:东南大学出版社,2006.

[2] 寇志伟,马德智.电工电子技术实训与创新[M].北京:北京理工大学出版社,2017.

[3] 李文军,陈杰.电工基本技能应用与实践[M].北京:北京理工大学出版社,2017.

[4] 王成安,狄金海.电子产品工艺与实训[M].2版.北京:机械工业出版社,2016.

[5] 赵广林.常用电子元器件识别/检测/选用一读通[M].3版.北京:电子工业出版社,2017.

[6] 马令坤,张振强.电子工艺基础与实训[M].北京:电子工业出版社,2017.

[7] 王建农,王伟.Altium Designer 10 入门与 PCB 设计实例[M].北京:国防工业出版社,2013.

[8] 宋新,袁啸林.Altium Designer 10 实战 100 例[M].北京:电子工业出版社,2014.

[9] 无锡华文默克仪器有限公司.华文 HW—3232PLUSV—PCB 线路板雕刻机说明书[Z].无锡:无锡华文默克仪器有限公司,2018.

[10] 何立民.MCS—51 系列单片机应用系统设计系统配置与接口技术[M].北京:北京航空航天大学出版社,2006.

[11] 雷伏容,张小林,崔浩.51 单片机常用模块设计查询手册[M].北京:清华大学出版社,2010.

[12] 许元,李华聪.航空发动机温度测量电路设计[J].测控技术,2012(11):123-126.

[13] 黄智伟.全国大学生电子设计竞赛常用电路模块制作[M].北京:北京航空航天大学出版社,2011.